"十二五"职业教育国家规划教材
经全国职业教育教材审定委员会审定

21 世纪高等职业教育　计算机系列规划教材

Visual Basic 程序设计项目教程

（第 2 版）

刘自昆　方红琴　主　编
王大印　吴　进　徐　津　副主编

电子工业出版社
Publishing House of Electronics Industry
北京·BEIJING

内 容 简 介

本书以程序设计为主线，针对 Visual Basic 语言程序设计的初学者，力求深入浅出，理论联系实际。在 11 个项目中，通过示例讲述了 Visual Basic 6.0 的程序设计方法和应用，主要涵盖 Visual Basic 基础知识、Visual Basic 程序设计初步、常用控件、选择结构程序设计、循环结构程序设计、数组、过程、错误处理、图形操作、文件系统、多媒体控件、数据控件等内容。全书在编排上注意了由简及繁、由浅入深和循序渐进，力求通俗易懂、简捷实用。

本书可作为高等职业学校、高等专科学校、成人高校、示范性软件职业技术学院的 Visual Basic 语言程序设计的教材，也可供本科院校及二级职业技术学院、继续教育学院和民办高校、技能型紧缺人才培养使用，还可作为计算机程序设计的培训教材或自学参考书。

图书在版编目（CIP）数据

Visual Basic 程序设计项目教程 / 刘白昆，方红琴主编. —2 版. —北京：电子工业出版社，2014.10
"十二五" 职业教育国家规划教材

ISBN 978-7-121-24130-7

Ⅰ. ①V… Ⅱ. ①刘… ②方… Ⅲ. ①BASIC 语言—程序设计—高等职业教育—教材 Ⅳ. ①TP312

中国版本图书馆 CIP 数据核字（2014）第 191724 号

策划编辑：徐建军（xujj@phei.com.cn）
责任编辑：郝黎明
印　　刷：北京京海印刷厂
装　　订：北京京海印刷厂
出版发行：电子工业出版社
　　　　　北京市海淀区万寿路 173 信箱　邮编 100036
开　　本：787×1 092　1/16　印张：14.25　字数：364.8 千字
版　　次：2010 年 10 月第 1 版
　　　　　2014 年 10 月第 2 版
印　　次：2014 年 10 月第 1 次印刷
印　　数：3 000 册　定价：32.00 元

凡所购买电子工业出版社图书有缺损问题，请向购买书店调换。若书店售缺，请与本社发行部联系，联系及邮购电话：（010）88254888。

质量投诉请发邮件至 zlts@phei.com.cn，盗版侵权举报请发邮件至 dbqq@phei.com.cn。

服务热线：（010）88258888。

前 言

Visual Basic 是 Microsoft 公司推出的编程语言之一，在全世界拥有数以百万计的用户。它凭借功能强大、容易掌握的特点备受青睐。Visual Basic 的出现，打破了 Windows 应用开发由专业的 C 程序员一统天下的局面，即使是非专业人员也能胜任，并可在较短的时间内开发出质量高、界面好的应用程序。

随着版本更新，Visual Basic 已成为真正专业化的大型开发语言，功能越来越强，越来越容易使用。Visual Basic 所提供的开发环境与 Windows 具有完全一致的界面，使用非常方便，其代码效率也达到了 Visual C++的水平。

为了推动计算机应用人才的成长，国内先后推出一系列有关考试，且规模不断扩大。"全国计算机等级考试"由教育部考试中心组织，自 1994 年举办以来，考试人数逐年增加，对计算机的普及应用起到了十分重要的作用。

本书参考教育部考试中心公布的考试大纲，在 11 个项目中相继介绍了 Visual Basic 程序开发环境、变量与表达式、数据的输入输出、窗体与控件概念、选择控件、组合控件、时间控件、图片控件、菜单、文件系统、图形控件、多媒体与数据库控件等内容。

本书内容紧扣考试大纲，介绍的是 Visual Basic 6.0 的基础知识，是 Visual Basic 程序设计的最基本部分，适用于初学者。针对初学者特点，编写时注重理论与实践相结合，力求由简及繁、由浅入深、循序渐进、深入浅出。

本书由重庆航天职业技术学院的刘自昆和北京工业大学耿丹学院的方红琴老师担任主编，由王大印和辽宁林业职业技术学院吴进和北京电子科技学院的徐津担任副主编。项目一、二章由刘自昆编写，项目三、四、七、八章由方红琴编写，项目五、九章由吴进编写，项目六、十章由王大印编写，另外，参加编写的人员还有北京物资学院的师鸣若、张博，以及重庆航天职业技术学院的李怡平、刁绫、王剑峰、蒋文豪、曾立梅等，本书在编写过程中得到了各方面的支持，在此一并表示感谢！

本书的所有案例都在中文 Visual Basic 6.0 企业版中调试通过。

为了方便教师教学，本书配有电子教学课件，请有此需要的教师登录华信教育资源网（www.hxedu.com.cn）注册后免费进行下载，如有问题可在网站留言板留言或与电子工业出版社联系（E-mail:hxedu@phei.com.cn）。

由于对项目式教学法正处于经验积累和改进过程中，同时，由于编者水平有限和时间仓促，书中难免存在疏漏和不足。希望同行专家和读者能给予批评和指正。

编 者

目　录

VB 6.0 概述——创建 "Hello Word！" 应用程序

你知道吗？

我们现在使用的很多管理信息系统、电子商务系统都是使用 Visual Basic（VB）编程语言实现的。Visual Basic 是 Microsoft 公司推出的、专门用于开发基于 Windows 应用程序的工具语言，在数据库、分布式处理、Internet 及多媒体等方面有着广泛的应用。Microsoft VB 提供了开发 Microsoft Windows 应用程序的最迅速、最简捷的方法。无论是 Microsoft Windows 应用程序开发的资深人员还是初学者，VB 都为他们提供了整套工具，以方便开发应用程序。

应用场景

用户可以使用 Visual Basic 6.0（VB 6.0）方便快捷地创建各种 Windows 应用程序。由于它继承了 Basic 语言简单易学的优点，且增强了可视化、分布式数据库及 Internet 编程等功能，因此它是一款易学实用、功能强大的 Windows 应用程序开发工具。

本项目将使用 VB 6.0 编写一个简单的应用程序，即在运行窗口中显示 "Hello World！"，运行界面如图 1-1 所示。

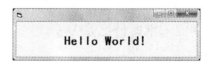

图 1-1　"Hello World！"运行界面

背景知识

编写一个应用程序，首先要掌握 VB 6.0 的使用方法，认识它的操作界面，各窗口的功能，初步了解对象以及相关的一系列概念，学会简单的程序代码的编写。这些知识在本项目中都会逐步介绍。

设计思路

编写一个简单的应用程序，主要包括以下几个步骤。
（1）启动 VB 6.0 并新建一个工程。
（2）设计应用程序界面。
（3）编写应用程序代码。
（4）运行、调试并保存应用程序。
（5）退出 VB 6.0。

任务 1.1　认识 VB 6.0

1.1.1　了解程序设计语言的发展

1．面向机器的语言

面向机器的语言通常是指针对某一种类型的计算机和其他设备专门编写的由二进制代码所组成的机器程序语言。这类程序一般可以充分发挥硬件的潜力，然而与人类的自然语言相差较大，所以面向机器的程序可读性很差，这成为软件发展的障碍。因此，一种新的面向过程的程序设计方法被提了出来。

2．面向过程的语言

面向过程的语言用计算机能够理解的逻辑来描述需要解决的问题和解决问题的具体方法、步骤。面向过程的程序设计核心是数据结构和算法。其中，数据结构用来量化描述需要解决的问题，算法则研究如何用更快捷、高效的方法来组织解决问题的具体过程。

面向过程的程序设计语言主要有 BASIC、FORTRAN、Pascal、C 等。

3．面向对象的语言

面向对象的语言相对于以前的程序设计语言，代表了一种全新的思维模式。它的一条基本原则是计算机程序由单个能够起到子程序作用的单元或对象组合而成。这种全新的思维模式能够方便、有效地实现以往方法所不能及的软件扩展、软件管理和软件使用，使大型软件的高效率、高质量的开发，维护和升级成为可能，从而为软件开发技术拓展了一片新天地。

面向对象的程序设计语言主要有 VB、VC 和 Java 等。

1.1.2　掌握什么是 VB

"Visual" 在字面上的意思是 "看的、视觉的、用于看的"，引申到计算机程序设计中，意思是 "可视化程序设计"，指的是开发图形用户界面（GUI）的方法。使用这种方法，用户不需编写大量代码去描述界面元素的外观和位置，而只要把预先建立的对象拖放到屏幕上的一点即可。

"Basic" 指的是 BASIC（Beginner's All-Purpose Symbolic Instruction Code）语言，它是一种在计算机技术发展历史上应用最为广泛的语言。VB 在原有 BASIC 语言的基础上进一步发展，至今包含了数百条语句、函数及关键词，其中很多和 Windows GUI 有直接关系。专业人员可以用 VB 实现其他任何 Windows 编程语言的功能，而初学者只要掌握几个关键词就可以建立实用的应用程序。

1.1.3　熟悉 VB 的特点

VB 是在 BASIC 语言的基础上研制而成的，它不仅具有 BASIC 语言简单而不贫乏的优点，还是一种可视化的、面向对象和采用事件驱动方式的结构化高级程序设计语言，可用于开发 Windows 环境下的各种类应用程序。它简单易学、效率高，且功能强大。

总体来看，VB 有以下主要特点。

1. 可视化编程

传统程序设计是通过编写程序代码来设计用户界面的，在设计过程中看不到界面的实际效果，必须编译后运行程序才能观察，开发效率低。VB 提供了可视化的设计工具，设计时可以直接看到运行时的界面，大大提高了开发效率。

2. 面向对象的程序设计

VB 是应用面向对象的程序设计方法（OOP），把程序和数据封装起来作为一个对象，并为每个对象赋予应有的属性，使对象成为实在的东西。在设计对象时，不必编写建立和描述每个对象的程序代码，而是用工具画在界面上，VB 自动生成对象的程序代码并封装起来。每个对象以图形方式显示在界面上，都是可视的。

3. 结构化程序设计语言

结构化程序设计方法是最基本的程序设计方法，这种程序设计方法简单，设计出来的程序可读性强，容易理解，便于维护，是面向对象程序设计的基础。VB 具有高级程序设计语言的语句结构，接近于自然语言和人类的逻辑思维方式，其语句简单易懂。

4. 事件驱动编程机制

VB 通过事件来执行对象的操作。一个对象可能会产生多个事件，每个事件都可以通过一段程序来响应。

5. 访问数据库

VB 系统具有很强的数据库管理功能。利用数据控件和数据库管理窗口，可以直接建立或处理多种格式的数据库，并提供了强大的数据存储和检索功能。

1.1.4　了解 VB 的版本

VB 是伴随 Windows 操作系统而发展的，在中国使用较广的版本有 VB 4.0、VB 5.0、VB 6.0。

VB 在 1991 年由 Microsoft 公司首次推出 1.0 版本。VB 4.0 是为配合 Windows 95 的问世于 1995 年推出的，既可用于编写 Windows 3.X 平台的 16 位应用程序，也可编写 Windows 95 平台的 32 位应用程序；VB 5.0 主要用于编写 Windows 95 平台的 32 位应用程序，较之 VB 4.0 主要扩展了数据库、ActiveX 和 Internet 方面的功能；VB 6.0 是与 Windows 98 配合于 1998 年推出的，专门为 Microsoft 的 32 位操作系统设计，可用来建立 32 位的应用程序，进一步加强了数据库、Internet 和创建控件方面的功能。

VB 6.0 包括 3 个版本，分别为学习版、专业版和企业版。

学习版（Learning）：基础版本，使编程人员轻松开发 Windows 95/98 和 Windows NT 的应用程序。该版本包括所有的内部控件以及网格、选项卡和数据绑定控件。

专业版（Professional）：针对计算机专业开发人员，是一整套功能完备的开发工具。该版本包括学习版的全部功能以及 ActiveX 控件、Internet Information Server Application Designer、集成的 Visual Database Tools 和 Data Environment、Active Data Objects 和 Dynamic HTML Page Designer。

企业版（Enterprise）：企业版使得专业编程人员能够开发功能强大的组内分布式应用程序。该版本包括专业版的全部功能以及 Back Office 工具，如 SQL Server、Microsoft Transaction Server、Internet Information Server、Visual SourceSafe、SNA Server 等。

任务 1.2　启动 VB 6.0 并新建一个工程

1.2.1　启动 VB 6.0

启动 VB 6.0 通常方法是选择开始→程序→**Microsoft Visual Basic 6.0 中文版**选项，打开
VB 6.0 窗口，如图 1-2 所示。

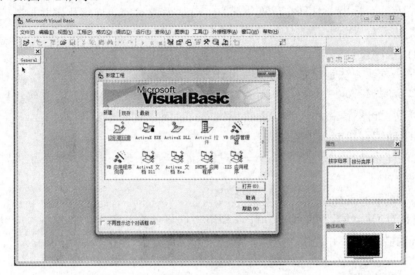

图 1-2　VB 6.0 窗口

提示：

如果在桌面上有 VB 6.0 的快捷方式图标，双击快捷方式图标也可启动 VB 6.0。

打开 VB 6.0 窗口后，在**新建工程**对话框中选择**新建**选项卡。然后在对话框中选择**标准
EXE** 选项，再单击打开按钮，则进入 VB 6.0 应用程序集成开发环境，如图 1-3 所示。

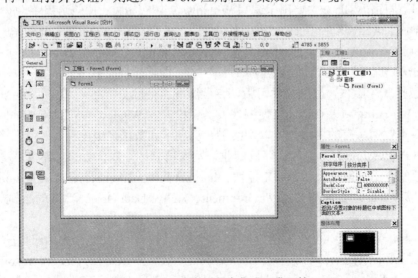

图 1-3　VB 6.0 应用程序集成开发环境

新建工程对话框中 3 个选项卡的意义如下。

新建：建立新的工程。

现存：选择和打开现有的工程。

最新：最近使用过的工程。

在新建工程对话框中用户可以创建以下 VB 6.0 的应用程序类型。

（1）标准 EXE：标准 EXE 程序是典型的应用程序，通常用户创建的都是这种类型的应用程序，它最终可以生成一个可执行的应用程序。

（2）ActiveX EXE 和 ActiveX DLL：ActiveX EXE 构件是支持 OLE 的自动化服务器程序，它可以在用户的应用程序中嵌入或链接进去。这两种类型的应用程序在编程时是一样的，只是在编译时，ActiveX EXE 编译成可执行文件，ActiveX DLL 编译成动态链接库。

（3）ActiveX 控件：用于开发自己的 ActiveX 控件。

（4）VB 应用程序向导：可以帮助用户建立应用程序的框架，减轻用户在编程时的工作量。向导是一系列收集用户信息的对话框，用户填充所有对话框后，向导继续建立应用程序、安装软件或为最终用户进行某个自动化操作。

（5）VB 向导管理器：用户可以建立自己的向导。

（6）数据工程：这是企业版的特性，没有对应的新项目类型，与标准的 EXE 项目类型一致，但能将访问数据库的控件自动加入工具箱，并将数据库 ActiveX 设计器加入项目浏览器。

（7）IIS 应用程序：VB 6.0 中可以建立 Web 服务器上运行的应用程序，与网络上已安装 IIS 的客户机实现交互。

（8）外接程序：这一类型应用程序可以扩展 VB 6.0 集成环境的功能。

（9）ActiveX 文档 EXE 和 ActiveX 文档 DLL：ActiveX 文档实际上是可以在支持 Web 浏览器环境中运行的 VB 6.0 应用程序。同上文所述，两种 ActiveX 文档在编译时，ActiveX 文档 EXE 编译成可执行文件，ActiveX 文档 DLL 则编译成动态链接库。

（10）DHTML 应用程序：VB 6.0 中可以建立动态 HTML 页面，在客户机的浏览器中显示。

（11）VB 企业版控件：这也是企业版中提供的类型，用于开发自己的 VB 6.0 控件。

1.2.2　了解主窗口

主窗口也称设计窗口。启动 VB 后，主窗口位于集成环境的顶部，该窗口由标题栏、菜单栏和工具栏组成，如图 1-4 所示。

图 1-4　VB 主窗口

1．标题栏

标题栏位于窗口顶部，显示应用程序的名称及工作状态，工作状态有：设计阶段（设计模式）、运行阶段（运行模式）及中断阶段（中断模式）。

设计阶段：可进行用户界面的设计和代码的编制。

运行阶段：正在运行应用程序。

中断阶段：程序被暂时中断，可进行代码的编辑。

2．菜单栏

标题栏下面是菜单栏，如图 1-5 所示。菜单栏中包含了使用 VB 6.0 所需要的选项，共 13 个选项。每个选项都有一个下拉菜单，内涵若干个选项，选择某个选项，即可打开该菜单，选择某个菜单中的某一个选项，就执行相应的命令。菜单中的选项分为两种类型，一类是可以直接执行的；另 类是打开对话框来执行的。

| 文件(F) 编辑(E) 视图(V) 工程(P) 格式(O) 调试(D) 运行(R) 查询(U) 图表(I) 工具(T) 外接程序(A) 窗口(W) 帮助(H) |

图 1-5　菜单栏

3．工具栏

工具栏以图标按钮的形式提供了常用的菜单选项，单击工具栏中的按钮，则执行该按钮所代表的操作。VB 6.0 提供了 4 种工具栏，包括编辑、标准、窗体编辑器和调试，并可根据需要定义用户自己的工具栏。每种工具栏都有固定和浮动两种形式。在默认情况下，启动 VB 后显示"标准"工具栏，如图 1-6 所示，附加的编辑、窗体设计和调试的工具栏可以通过**视图**菜单中的**工具栏**中的选项移进或移出。

图 1-6　标准工具栏

1.2.3　熟悉其他窗口

1．窗体窗口

窗体窗口也称为对象窗口，主要用来在窗体上设计应用程序的界面，用户可以在窗体上添加控件来创建所希望的界面外观，如图 1-7 所示。例如，当新建一个工程时，VB 自动建立一个新窗体，并命名为 Form1。

2．代码窗口

双击窗体或窗体上的控件就可以打开代码窗口。代码窗口是专门用来进行程序设计的窗口，可在其中显示和编辑程序代码。也可以通过**视图**菜单中的**代码窗口**选项，打开代码窗口，如图 1-8 所示。

代码窗口标题栏下面有两个下拉列表框，左边是**对象**下拉列表框，可以选择不同的对象名称；右边是**过程**下拉列表框，可以选择不同的事件过程名称，还可以选择用户自定义过程的名称。

3．属性窗口

属性是指对象（窗体或控件）的特征，如大小、名称、标题、颜色、位置等。属性窗口列出了被选定的一个对象的所有属性。如图 1-9 所示，属性窗口包含对象下拉列表框、属性列表框和属性说明栏。

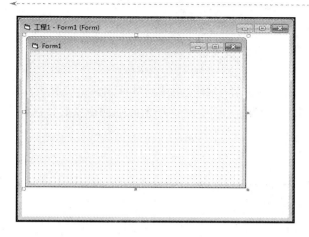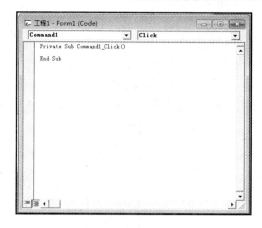

图 1-7　窗体窗口　　　　　　　　　　　　　　　图 1-8　代码窗口

4．工程资源管理器窗口

首先说明一下"工程"的概念。VB 把一个应用程序称为一个工程（Project），而一个工程又是各种类型的文件的集合，这些文件包括工程文件（.vbp）、窗体文件（.frm）、标准模块文件（.bas）、类模块文件（.cls）、资源文件（.res）、ActiveX 文档（.dob）、ActiveX 控件（.ocx）、用户控件文件（.ctl）、属性页文件（.pag）。

需要指出的是，并不是每一个工程都要包括上述所有文件，VB 要求一个工程至少包含两个文件，即工程文件（.vbp）、窗体文件（.frm）。至于一个工程要包括多少种文件，由程序设计的复杂程度而定。

一个工程可以通过工程窗口来显示，工程窗口列出了当前工程所包含的文件清单。图 1-10 所示为启动 VB 后建立的一个最简单工程的结构。

图 1-9　属性窗口　　　　　　　　　　　　　　　图 1-10　工程窗口

5．工具箱窗口

工具箱提供了一组在设计时可以使用的常用工具，这些工具以图标的形式排列在工具箱中，如图 1-11 所示。这些工具就像制作机械零件的模具一样。利用模具可以制作出零件，利用工具箱中工具可以制作出控件。双击工具箱中的某个工具图标，或单击工具图标后按住鼠标左键在窗体上拖动，即可在窗体上制作出一个这种控件。设计人员在设计阶段可以利用这些工具在窗体上构造出所需要的应用程序界面。除了系统提供的这些标准工具外，VB还允许用户添加新的控件工具。

6．窗体布局窗口

如图 1-12 所示，窗体布局窗口中有一个表示显示器屏幕的图像，屏幕图像上又有表示窗体的图像，它们标示了程序运行时窗体在屏幕中的位置。用户可拖动窗体图像调整其位置。

图 1-11　工具箱窗口　　　　　　　　　图 1-12　窗体布局窗口

任务 1.3　设计应用程序界面

用 VB 进行应用程序设计实际上就是与一组标准对象进行交互的过程，所以对对象的理解是非常重要的。

在面向对象的程序设计中，"对象"是系统中的基本运行实体。VB 中的对象与面向对象程序设计中的对象在概念上是一样的，但在使用上有很大区别。面向对象程序设计中对象是由程序员自己设计的。而 VB 6.0 中对象分为两类：一类是由系统设计好的，称为预定义对象，可直接使用；另一类则由用户自己定义。

1.3.1　掌握 VB 的对象

对象是面向对象程序设计的核心，对象的概念来源于日常生活中，如日常学习用的钢笔、书本等都是对象。

对象都有自己的状态和行为，如钢笔的大小、颜色就是它的状态；而书本可以折叠起来，就是一种行为。在 VB 的程序设计中，对象的状态用数据表示，称为对象的属性。对象的行为用程序代码来实现，称为对象的方法。而事件就是能被对象所识别的动作，如单击和双击就是常见的事件。

窗体和控件就是 VB 中预定义的对象，是由系统设计好的提供给用户使用的。VB 的窗体和控件具有自己的属性、方法和事件。可以把属性看做一个对象的性质，把方法看做对象的动作，把事件看做对象的响应。VB 还提供了其他对象，如打印机、调试、剪贴板、屏幕等。

1.3.2　掌握对象属性

属性是一个对象的特性，不同的对象有不同的属性。

日常生活中的对象（如气球）同样具有属性、方法和事件。气球的属性包括可以看到的一些性质，如它的直径和颜色。其他属性描述气球的状态（充气的或未充气的）或不可见的性质，如它的使用寿命。通过定义，所有气球都具有这些属性，这些属性也会因气球的不同而不同。

程序设计中对象常见的属性有标题（Caption）、名称（Name）、颜色（Color）、字体大小（Fontsize）、是否可见（Visible）等。

通常使用属性窗口设置对象的属性，也可以在程序中用程序语句设置对象属性，一般格式如下：

```
对象名.属性名称=新设置的属性值
如 Text1.Text="Hello World!"
```

1.3.3　掌握事件及事件过程

VB 是采用事件驱动编程机制的语言。"可视化"和"事件驱动"是使用 VB 进行 Windows 程序设计的关键，在程序中流动的是事件而不是数据。

所谓事件（Event），是由 VB 预先设置好的、能够被对象识别的动作，例如，Click（单击）、DblClick（双击）、Load（装入）、MouseMove（移动鼠标）、Change（改变）等。

不同的对象所识别的事件类型不同，如命令按钮可以识别单击（Click）、双击（DblClick）等事件。但相同的事件发生在不同对象上，产生的效果不一定相同，如在不同的按钮上单击时，得到的结果不一样。当事件由用户触发（如 Click）或由系统触发（如 Load）时，对象就会对该事件做出响应。

对象响应某个事件后所执行的操作通过一段程序代码来实现，这样的一段程序代码称为事件过程（EventProcudure）。一个对象可以识别一个或多个事件。事件过程的一般格式如下：

```
Private Sub 对象名称_事件名称()
事件响应程序代码
End sub
```

"对象名称"指的是该对象的 Name 属性，"事件名称"是由 VB 预先定义好的赋予该对象的事件。建立一个对象后 VB 能自动确定与该对象相配的事件，并可以供用户选择。

1.3.4　熟悉对象方法

过程和函数是传统程序设计的主要部件。而在面向对象程序设计中，引入了称为方法（Method）的特殊过程和函数。方法决定了对象的动作，它必须由程序代码实现。方法与属性和事件一样都是对象的一部分。允许多个方法重名，即多个对象使用同一个方法。其调用格式如下：

对象名称.方法名称

例如，Form1.Print "Hello World！"，在窗口上输出 Hello World！。

又如，Printer.Print "Hello World！"，在 VB 中打印机对象是 Printer。

调用方法时可以省略对象名。这时所调用的方法作为当前对象的方法，为避免不确定性最好加上对象名称。例如，Print "Hello World！"。

VB 提供了大量的方法，有些方法可以适用于多种甚至所有对象，而有些方法可能只适用于少数几种对象。一些方法可能有一个或多个参数，它们对执行的动作做进一步的描述，而一些方法没有参数。

1.3.5 设置对象属性

属性是对象中的数据，用来表示对象的状态，设置对象属性可以有以下两种方法。

1．在程序设计时设置对象属性

如果要在程序设计时设置对象属性，那么可在属性窗口中进行。通过属性窗口设置要先选中对象然后激活属性窗口。常用激活属性窗口的方法如下：

方法 1：单击对象窗口的任何部位。

方法 2：选择**视图→属性窗**口选项。

方法 3：按 F4 键。

方法 4：单击工具栏中的"属性窗口"按钮。

方法 5：按 Ctrl+PgDn 或 Ctrl+PgUp 组合键。

其次，选中要修改属性的对象，然后在属性窗口中选择要修改的属性，在列表右侧输入或选择新的数据即可。

2．在程序运行时设置对象属性

如果要在程序运行时设置对象的属性，应使用程序代码完成，它是一条赋值语句，格式如下：

对象名.属性=属性值

其中，"对象名.属性"是 VB 引用对象属性的方法。

同时，由于属性类型不同，输入新属性的方式也不一样，通常有以下 3 种。

（1）直接键入新属性值：如 Caption（窗体等的标题）、Text（文本框等对象的文本内容）。

（2）选择输入，即通过在列表选择所需要的属性值：如窗体的 Borderstyle（边界类型）属性、StartUpPosition（窗体首次出现时的位置）属性等。

（3）利用对话框设置属性值：如 Font（字体设置）属性、Picture（控件中显示图形）等。

1.3.6 设计应用程序界面

设计应用程序界面的具体操作方法如下：

（1）单击应用程序界面，在窗体的周围就会出现 8 个小方块，代表窗体被选中，如图 1-13 所示。

（2）将鼠标光标移动到方块上，光标形状就会变成双箭头，表示可以改变窗体的大小，按住鼠标左键并拖动，将窗体调整到合适的大小后，松开鼠标左键即可。

（3）选中窗体，在**属性**窗口中选择 **Font** 属性，在 **Font** 属性值后有一个小按钮，单击该按钮，打开**字体**对话框，如图 1-14 所示。

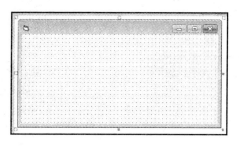

图 1-13　选中窗体

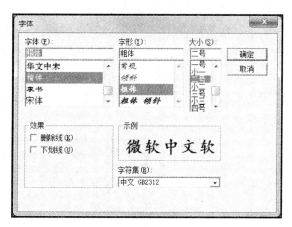

图 1-14　字体对话框

（4）在**字体**对话框中的**字体**列表框中选择**楷体_GB2312** 选项、在字形列表框中选择**粗体**选项，在大小列表中选择二号选项，单击**确定**按钮，界面设置完毕。

任务 1.4　编写应用程序代码

编写应用程序代码的具体操作方法如下：

（1）在文本显示器主窗体中双击窗体，屏幕上会打开**代码编辑器**窗口，并且鼠标光标在窗口的加载事件内跳动，如图 1-15 所示。

图 1-15　代码编辑器窗口

（2）在鼠标光标跳动的地方，即对话框的加载事件内，编写如下代码：

```
Private Sub Form_Load()
Form1.Show
Print ""
Print "    Hello World!    "
End Sub
```

编写的代码如图1-16所示，事件过程的首尾两行是系统自动给出的代码，不必重复输入。

在VB 6.0集成环境中提供了非常方便的编程信息帮助用户完成编码工作，尽量减少编码时因为函数的结构或者某一个常数写错而导致编译不通过。下面通过一个例子来说明如何利用这些帮助信息。

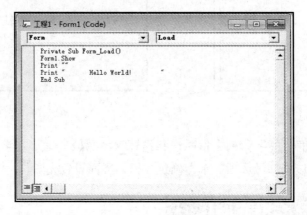

图1-16　编写代码

假设要编写一个函数：a=InputBox（"请输入一个数","输入",1）。

这是一个用来提示输入的函数，即使用户对它的使用方法不熟悉也没有关系，VB 6.0的集成环境会帮助用户完成函数的编写。在**代码编辑器**窗口中首先输入"a=InputBox"，这时屏幕上就会出现该函数的提示信息，如图1-17所示。

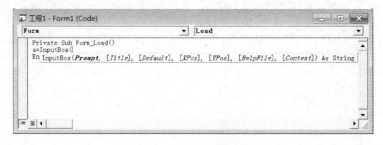

图1-17　快速信息提示

该提示信息显示了用户所写函数的结构、参数的类型等，用户可以根据这些提示信息编写代码。当前参数是用黑体显示的，写完一个参数后，下一个参数会自动变成黑体。

在VB 6.0编程环境中，每一个控件和窗体都有许多属性、方法和事件。这些属性和方法很多，时常会忘记或者混淆，而利用VB 6.0提供的"属性/方法"下拉列表框就可以非常方便地解决这个问题。

用户在编写程序时，如果要用到某个控件的属性或方法，只需要先写出该控件的名称和点操作符，这时屏幕上就会出现一个**属性/方法**下拉列表框，如图 1-18 所示。用户可以在该下拉列表框上选择一个属性或方法，双击或按 Enter 键即可。

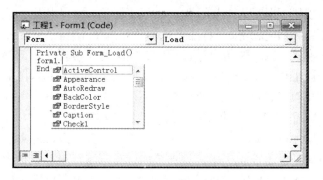

图 1-18　属性/方法下拉列表框

按上述要求输入对话框的加载事件代码后，应用程序的代码即编写完毕，可以开始运行并调试程序了。

任务 1.5　运行、调试并保存应用程序

1.5.1　运行并保存应用程序

运行、调试并保存"Hello World!"应用程序的具体操作方法如下：

（1）单击工具栏中的**启动按钮** ，运行应用程序。

（2）单击 按钮，退出程序。

（3）单击工具栏中的**保存工程按钮** ，打开"**文件另存为**"对话框，要求用户保存当前的窗体文件，如图 1-19 所示。在**文件名**文本框中输入"Hello World!"，单击**保存按钮**。

（4）在保存窗体文件后，集成环境会提示用户保存工程文件，按照上一步的操作，将新建的工程保存为名为"Hello World!"的工程文件。

（5）如果工程中有错误，就会打开如图 1-20 所示的错误提示对话框。单击**确定按钮**，回到代码编辑界面，出错的地方会蓝色高亮度显示，可根据提示修改代码。系统会继续在运行时检查直到能正常运行为止。

图 1-19　"文件另存为"对话框

图 1-20　错误提示对话框

1.5.2 调试程序

编写程序时，出现错误是很正常的，但是出现了错误，必须找出错误的原因，以便改正错误。为了及时发现错误，有必要先知道程序是在何种模式下工作的。VB 6.0 为用户提供了设计、运行、中断 3 种工作模式，以方便用户进行程序的维护和发现程序中的错误。程序处于设计模式下时，可以进行设计工作，完成窗体的设计和程序代码的编写；程序处于运行模式下时，只能查看程序运行的结果以及程序代码，不能修改程序代码；程序处于中断模式下时，应用程序暂时被停止，用户可以在程序暂停的时间里调试并修改程序。

编写程序时，错误可以说是千差万别、各不相同的。有些错误是由于用户执行了非法的操作造成的，而有些错误是由于逻辑上的错误造成的；有些错误很容易被发现，而有些错误却很隐蔽，不易被发现。在 VB 6.0 中，错误被分为编译错误、实时错误和逻辑错误 3 大类。

编译错误主要是由于用户没有按语法要求编写代码造成的，例如，将变量或关键字写错了，漏写一些标点符号，或者少写了配对语句等。这类错误一般出现在程序的设计或编译阶段，并且很容易被监测到。例如，在某个事件中，添加了如下语句：

```
A=
```

图 1-21   编译错误提示对话框

然后按 Enter 键换行，这时便会打开如图 1-21 所示的对话框，提示用户出现编译错误。

实时错误一般在运行的过程中出现，主要是由于运行到不可执行的操作而引起的。

逻辑错误是最难被发现的错误。如果一个应用程序本身没有编译错误，并且在运行过程中也没有出现实时错误，但运行后所得到的结果是错误的，则通常这种情况是由于逻辑错误造成的。这类错误的查除最为麻烦，需要积累一定的经验，还要对运行结果进行分析才能够发现。

1.5.3 退出 VB 6.0

有以下两种方法可以退出 VB 6.0。
（1）直接单击标题栏右上角的关闭按钮。
（2）选择文件→退出选项，退出应用程序。

项目拓展   开发"好好学习，天天向上！"应用程序

利用 VB 6.0 开发一个"好好学习，天天向上！"应用程序，运行界面如图 1-22 所示。

图 1-22 "好好学习，天天向上！"运行界面

（1）新建一个工程，将工程命名为"祝贺你！"并保存在文件夹中。

（2）参考任务 1-3 中动手做 6 的操作步骤，设置应用程序界面的**字体**属性为**楷体__GB2312**、**粗体、二号字**。

（3）应用程序代码如下。

```
Private Sub Form_Load()
    Form1.Show
    Print ""
    Print "　好好学习，天天向上！　　"
End Sub
```

（4）运行应用程序，保存工程。

知识拓展

继 VB 6.0 后，Microsoft 又相继推出了基于.NET 平台的 VB 2003、VB 2005、VB 2008、VB 2010、VB 2012 等多个版本。但 VB 的中心思想从未变过，即便于程序员使用，无论是新手还是专家。

VB 使用了可以简单建立应用程序的 GUI 系统，但是又可以开发相当复杂的程序。VB 的程序是一种基于窗体的可视化组件安排的联合，并且增加代码来指定组件的属性和方法。因为默认的属性和方法已经有一部分定义在了组件内，所以程序员不用写多少代码就可以完成一个简单的程序。在过去的版本中 VB 程序的性能问题一直被争论，但是随着计算机速度的飞速增加，关于性能的争论已经越来越少。

窗体控件的增加和改变可以用拖放技术实现。一个排列了控件的工具箱用来显示可用控件（如文本框或者按钮）。每个控件都有自己的属性和事件。默认的属性值会在控件创建的时候提供，但是程序员也可以进行更改。很多属性值可以在运行时候随着用户的动作和修改而进行改动，这样就形成了一个动态的程序。举个例子来说：窗体的大小改变事件中加入了可以改变控件位置的代码，在运行时每当用户更改窗口大小，控件也会随之改变位置。在文本框中的文字改变事件中加入相应的代码，程序就能够在文字输入的时候自动翻译或者阻止某些字符的输入。

VB 的程序可以包含一个或多个窗体，或者是一个主窗体和多个子窗体，类似于操作系统。有很少功能的对话框（如没有最大化和最小化按钮的窗体）可以用来提供弹出功能。

VB 的组件既可以有用户界面，也可以没有。这样，服务器端程序就可以处理增加的模块。

VB 使用参数计算的方法来进行垃圾收集，这个方法中包含大量的对象，提供基本的面向对象支持。因为越来越多组件的出现，程序员可以选用自己需要的扩展库。和有些语言不一样，VB 对大小写不敏感，但是能自动转换关键词到标准的大小写状态，以及强制使得符号表入口的实体的变量名称遵循书写规则。默认情况下字符串的比较是对大小写敏感的，但是可以关闭这个功能。

VB 使得大量的外界控件有了自己的生存空间。大量的第三方控件针对 VB 提供。VB 也提供了建立、使用和重用这些控件的方法，但是由于语言问题，从一个应用程序创建另外一个应用程序并不简单。

课后练习与指导

一、选择题

1. VB 6.0 开发工具的特点是（   ）。

    A．面向对象　　　　B．可视化事件　　　C．基于事件驱动的　　　D．全制动

2. 可视化开发的特点是（   ）。

    A．可利用图标创建对象　　　　　　B．在开发过程中就能见到开发的部分成果

    C．开发工作对用户是透明的　　　　D．所见即所得

    E．根据程序流程图开发

3. 为同一窗体内的某个对象设置属性，所用 VB 6.0 语句的一般格式是（   ）。

    A．属性名=属性值　　　　　　　　B．对象名.属性值=属性名

    C．Set 属性名=属性值　　　　　　D．对象名.属性名=属性值

4. VB 6.0 的"工程管理器"可管理多种类型的文件，下面叙述中不正确的是（   ）。

    A．窗体文件的扩展名为.frm，每个窗体对应一个窗体文件

    B．标准模块是一个纯代码性质的文件，它不属于任何一个窗体

    C．用户通过类模块来定义自己的类，每个类都用一个文件来保存，其扩展名为.bas

    D．资源文件是一种纯文本文件，可以用简单的文字编辑器来编辑

5. 在设计阶段，当双击窗体时，打开的窗口是（   ）。

    A．工程管理器窗口　　　　　　　　B．工具箱

    C．代码编辑器窗口　　　　　　　　D．"属性"窗口

6. 工程文件的扩展名是（   ）。

    A．.vbg　　　　　B．.vbp　　　　　C．.vbw　　　　　D．.vbl

7. 在 VB 集成环境中，可以列出工程中所有模块名称的窗口是（   ）。

    A．工程资源管理器窗口　　　　　　B．窗体设计窗口

    C．属性窗口　　　　　　　　　　　D．代码窗口

8. 下面有关标准模块的叙述中，错误的是（   ）。

    A．标准模块不完全由代码组成，还可以有窗体

    B．标准模块中的 Private 过程中不能被工程中的其他模块调用

    C．标准模块中文件扩展名为.bas

    D．标准模块中的全局变量可以被工程中的任何模块引用

9. 在 VB 集成环境的设计模式下，双击窗体上的某个控件打开的窗口是（   ）。

    A．工程资源管理器窗口　　　　　　B．属性窗口

    C．工具箱窗口　　　　　　　　　　D．代码窗口

10. 以下叙述中错误的是（   ）。

    A．标准模块文件的扩展名是.bas

    B．标准模块文件是纯代码文件

    C．在标准模块中声明的全局变量可以在整个工程中使用

    D．在标准模块中不能定义过程

11．以下关于 VB 特点叙述中错误的是（　　　）。

A．VB 是采用事件驱动编程机制的语言

B．VB 程序既可以编译运行，又可以解释运行

C．构成 VB 程序的多个过程没有固定的执行顺序

D．VB 程序不是结构化程序，不具备结构化程序的 3 种基本结构

二、填空题

1．VB 6.0 是一种面向_____的可视化编程语言，采用了事件驱动的编程机制。

2．在打开 VB 6.0 集成开发环境时，可以看到 13 种应用程序类型，它们分别是_____。

3．事件的过程名由_____和事件名组成，中间用下划线连接。

4．选项的右边有一个小黑箭头，表示_____；选项的颜色呈暗灰色，表示该选项_____。

5．编写 VB 程序代码需要在_____窗口中进行。

6．在代码编辑器窗口中主要由_____、_____、_____、_____和_____组成。

三、实践题

利用 VB 6.0 开发一个"祝贺你！"的应用程序，运行界面如图 1-23 所示。

图 1-23　运行界面

项目二

VB 6.0 编程基础——创建输入/输出应用程序

你知道吗?

VB 6.0 既保留了 BASIC 语言的基本数据类型、语法等，又对其中的某些语句和函数的功能做了修改或扩展，根据可视化编程技术的要求增加了一些新的功能。

应用场景

用户可以使用 VB 6.0 创建各种类型的应用程序，实现数据的输入、处理与输出操作。数据的输入与输出，既可以使用文本框、复选框等控件来完成，也可以使用对话框、输入框等窗体来完成。

本项目将使用 VB 6.0 编写多个简单的应用程序，程序可以在用户输入数值后，按照规定的处理逻辑进行处理，随后将处理结果输出出来。

背景知识

数据是程序的必要组成部分，也是程序处理的对象。在高级语言中，广泛使用数据类型这一基本概念。VB 6.0 也提供了系统定义的基本数据类型，并且允许用户根据自己的需要自定义数据类型。

数据类型不同，所占的存储空间也不一样，选择使用合适的数据类型，不仅可以优化代码，还可以防止数据溢出。数据类型不同，对其进行处理的方法也不同，这就需要进行数据类型的说明或定义。只有相同（或兼容）数据类型的数据之间才能进行操作，不然在程序运行时会出现错误。

变量则是程序对数据进行处理时数据的存放容器，在程序运行过程中随时可以发生变化，用于进行数据传递，如 X=15，X 便是一个变量，X 是这个变量的名称，它被赋值为 15。若程序的其他变量——如 Y（比 X 值大 100）需要用到 X 变量的值，则可以使用 Y=X+100，如此便完成了数据传递。作为变量，X 的值可以发生变化（减少 100），使用 X=X–100 便完成了 X 的重新赋值。

常量是被定义出来的不会变的数据，与变量相对应。

设计思路

本项目主要介绍 VB 6.0 的编程基础，编写应用程序前，我们先要了解数值型、字符型等多种类型的数据类型，掌握变量和常量的概念、命名规则与定义方式，熟悉运算符和表达式的使用方法，并了解一些常用的 VB 函数。学习完基本概念之后，通过编写一些应用程序实例，可以熟练掌握这些概念。

任务 2.1　掌握 VB 6.0 的数据类型

2.1.1　掌握数值型数据

VB 6.0 中常用的数值型（Numeric）数据有字节型、整型、货币型和浮点型。其中，整型数又分为整数和长整数，浮点型数又分为单精度浮点数和双精度浮点数。如果用户事先已经知道变量要存放整数，就应当将它声明为整型，因为整数运算速度快，而且比其他数据类型占用内存要少。

1. 字节型

如果在程序中要使用二进制数值，应使用字节（Byte）数据类型。它以 1 个字节的无符号二进制数存储，不能表示负数，其取值是 0～255。

2. 整型

整型数是不带小数点和指数符号的数，可以是正整数、负整数或者 0，它又分为以下两种类型。

类型一，整数（Integer）：整数是由 2 个字节（1 个字节占 8 位二进制码）的二进制数来存储并参加运算的。整数为 -32768～+32767，如 254、5478、-23、0 等。

类型二，长整型数（Long）：当需要使用的整数值超出了 -32768～+32767，则需要定义为长整数。长整数也是一个整数，它表示的范围更大，在计算机中存储时占用 4 个字节（32 位）。在 VB 6.0 中，长整数中的正号可以省略，并且在数值中不能出现逗号（分节符）。

3. 货币型

货币型（Currency）数据类型是为表示钱款而设置的，以 8 个字节（64 位）存储，精确到小数点后 4 位（小数点前 15 位），小数点后的 4 位以后数字将被舍去。货币型小数点是固定的，属于定点小数。

4. 浮点型

浮点型也称实型数或实数，是含有小数部分的数，分为单精度浮点数和双精度浮点数。

（1）单精度浮点数（Single）：一个单精度浮点数要用 4 个字节（32 位）的二进制数存储，其中符号位占 1 位，尾数位占 23 位，指数位占 8 位。一个单精度浮点数可以表示最多 7 位有效数字。小数点可以位于这些数字中的任何位置，正号可以省略。

（2）双精度浮点数（Double）：一个双精度浮点数要用 8 个字节（64 位）的二进制数存储，其中符号位占 1 位，尾数位占 52 位，指数位占 11 位，可以表示最多 15 位有效数字。小数点可以位于这些数字中的任何位置，正号可以省略。

例如：

```
-2.6, +25.45, 0.000012, -6454.45                '单精度浮点数
-12.123456478456, 0.9876546653, 100000.245       '双精度浮点数
```

浮点数可采用定点形式或浮点形式来表示，定点形式是在该范围内含有小数的数，上述例子中，小数的表示方式即为定点形式。

浮点形式采用的是科学计数法，它由符号、尾数和指数 3 部分组成。单精度浮点数和双精度浮点数的指数分别用 "E"（或 "e"）和 "D"（或 "d"）来表示。例如：

568.721E+4 或 568.721e4	/单精度浮点数，相当于 568.721 乘以 10 的 4 次幂
568.72189D4 或 568.72189d+4	/双精度浮点数，相当于 568.72189 乘以 10 的 4 次幂

在上面的例子中，568.721 和 568.72189 是尾数部分，E+4，e4，D4 及 d+4 是指数部分。

2.1.2　掌握字符型数据

字符型（String）数据是一个字符排列，由 ASCII 字符组成，包括标准 ASCII 字符和扩展 ASCII 字符。

在 VB 6.0 中，字符串是放在双引号里面的，其中 1 个西文字符占 1 个字节，1 个汉字或者全角字符占 2 个字节。长度为 0（不含任何字符）的字符串称为空串。

需要注意的是，字符串 "" 与 " " 是不同的，""表示空串，不含任何字符；" "则包含一个空格字符，它不是空串。

在 VB 6.0 中，可以定义两种类型的字符串：变长字符串和定长字符串。

1．变长字符串

变长字符串是指字符串的长度是不固定、可变化的，可以变大也可以变小。在默认情况下，如果一个字符串没有定义成固定的长度，那么它属于变长字符串。变长字符串可以存储的内容包括 "Hello，World"、"2+3"、"型号"、"800-143-546-987" 等。

2．定长字符串

定长字符串是指在程序的执行过程中，字符长度保持不变的字符串。例如，声明了长度的字符串，假设字符串长度为 8 位，在这样的情况下，如果字符数不足 8 个，则余下的字符位置将被空格填满；如果超过 8 个，则超出的部分将被舍弃。

其长度用类型名加上 1 个星号和常数指明，语法结构如下：

```
String*常数
```

这里的"常数"是字符个数，它指定定长字符串的长度，如 String*8。

2.1.3　掌握布尔型数据

布尔型（Boolean）数据是一个逻辑值，是在编写程序逻辑时经常用到的数据类型。1 个布尔型数据要用 2 个字节（16 位）的二进制数存储，它只有两个值：True 或 False，即"真"或"假"。布尔型数据可以与数值型数据互相转化，例如：

数值型数据向布尔型数据转换时，0 为 False，非 0 值为 True。

布尔型数据转换到数值型数据时，True 为–1 或 1，False 为 0。

2.1.4　掌握变体型数据

变体型（Variant）数据是一种可变的数据类型，可以存放任何类型的数据，因此，变体型数据是 VB 6.0 中用途最广、最灵活的一种变量类型。

程序中没有说明时，VB 6.0 会自动将该变量默认为变体型变量，例如：

```
a="6"
a=6-2
a="D"&a
```

以上介绍了 VB 6.0 中的基本数据类型。表 2-1 列出了这些数据类型的名称、存储空间和取值范围。

表 2-1　VB 6.0 基本数据类型

数 据 类 型	存 储 空 间	取 值 范 围
Byte（字节型）	1 字节	0～255
Integer（整型）	2 字节	–32768～32767
Long（长整型）	4 字节	–2147483648～2147483647
Currency（货币型）	8 字节	变量为整型的数值形式除以 10000 给出一个定点数
Single（单精度）	4 字节	负数的取值范围为–3.402823E+38～–1.401298E–45 正数的取值范围为 1.401298E–45～3.402823E+38
Double（双精度）	8 字节	负数的取值范围为–1.79769313486232D+308～–4.9406564584127D–324 正数的取值范围为 4.940654584127D–324～1.79769313486232D+308
Boolean（布尔型）	2 字节	True 或 False
String（变长字符串）	10 字节加字符串长度	0 到大约 21 亿
String（定长字符串）	字符串长度	0～65535
Variant（数字）	16 字节	任何数字值，最大可达到双精度的范围
Variant（字符）	22 字节加字符串长度	与变长字符串有相同的范围

任务 2.2　掌握 VB 6.0 的变量

2.2.1　了解变量的概念

变量是指在程序运行过程中随时可以发生变化的量，是任何一门高级语言所必须具有的过程传递的参数。变量有一个名称和特定的数据类型，在内存中占有一定的存储单元。在存储单元中存放变量值，要注意变量名和变量的值是两个不同的概念。

当在窗体中设计用户界面时，VB 6.0 会自动为产生的对象（包括窗体本身）创建一组变量，即属性变量，并为每个变量设置其默认值。这类变量可供直接使用，如引用它或给它赋值。用户也可以创建自己的变量，以便存放程序执行过程中的临时数据或结果数据等。

2.2.2　掌握变量命名规则

在 VB 6.0 中变量的命名是有一定规则的，这些规则指出了用户变量和其他语言要素之间的区别，具体如下：

（1）一个变量名的长度不能超过 255 个字符。

（2）变量名的第 1 个字符必须是字母 A～Z 或 a～z，第 1 个字母可以大写，也可以小写，其余的字符可以由字母、数字和下画线组成。

（3）VB 6.0 中的保留字不能用做变量名，保留字包括 VB 6.0 的属性、事件、方法、过程、函数等系统内部的标识符。

根据上面的规则，class1，my_var，SumOfAll 是合法的变量名，而 Elton.D.John，#9，8abc 等是不合法的变量名。如果用户定义并且使用了这些非法变量，那么在程序编译时就会出错。

在 VB 6.0 中，变量名是不区分大小写的，也就是说，如果有两个变量 abc 和 ABC，则这两个变量是相同的。例如，如果有下面几条语句，系统会认为它们是相同的。

```
Abc=1;
abc=1;
ABC=1。
```

定义和使用变量时，通常要把变量名定义为容易使用和能够描述所含数据用处的名称。建议不要使用一些没有具体意义的字母缩写，如 A，C2 等。例如，编写学生管理程序时，定义 student_No 代表学号，student_Score 代表成绩，这样定义易于用户理解程序和改正错误。

VB 6.0 是 32 位的开发工具，因此变量名长度可以支持 255 个字符，这对于用户编程是非常重要的。因为在开发大型的系统时，变量会非常多，如果变量名长度不够，就很可能出现重名。

2.2.3 掌握变量的作用范围

在 VB 6.0 中声明变量时，说明部分的放置位置决定了变量只能在程序中的某一部分有效。变量对于程序的可识别程度称为变量的作用范围。

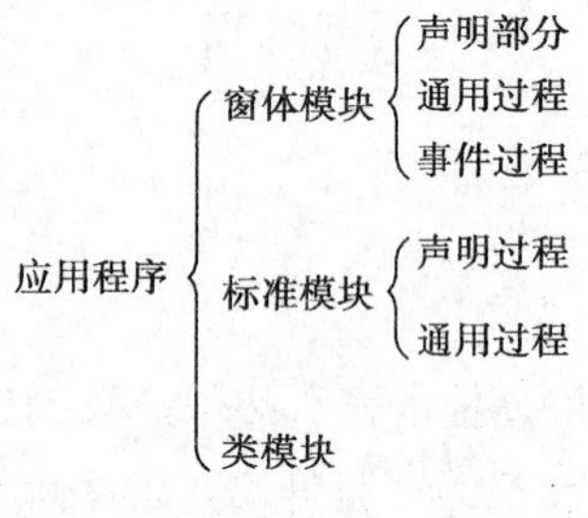

VB 6.0 应用程序由 3 种模块组成，即窗体模块、标准模块和类模块，如图 2-1 所示。其中窗体模块包括声明部分、通用过程和事件过程，标准模块包括声明部分和通用过程。

根据变量的定义位置和所使用的变量定义语句的不同，VB 6.0 中的变量可以分为 3 类：局部变量、模块变量和全局变量。其中模块变量包括窗体模块变量和标准模块变量。

图 2-1 VB6.0 应用程序的结构

（1）全局变量：在标准模块的声明部分，用 Public 声明的变量就是全局变量，程序中的任何窗体和模块都能访问它。

（2）局部变量：在过程和函数中用 Dim 或 Static 等声明的变量只在定义它的过程和函数中有效。

（3）模块或窗体变量：在模块和窗体中用 Dim 或 Private 等声明的变量只在本模块或窗体中起作用，这样的变量称为模块或窗体变量。

2.2.4 掌握变量的类型和定义

在使用变量之前，很多语言需要首先声明变量。也就是说，必须事先告诉编译器在程序中使用哪些变量、变量的数据类型是什么以及变量的长度是多少。因为在编译程序执行代码之前，编译器需要知道如何给变量开辟存储区，这样可以优化程序的执行。

在程序中使用的任何变量都有其数据类型，其中包括基本数据类型和用户自定义的数据类型。VB 6.0 中，可以用下面两种方法来规定变量的数据类型。

1. 用类型说明符标识变量

类型说明符放在变量名的尾部，可以标识不同的变量类型，这些类型说明符分别如下：

```
%              整型
&              长整型
!              单精度浮点数
#              双精度浮点数
$              字符串型
```

2. 在定义变量时指定其类型

在定义变量时指定其类型，可以使用下面的语法结构：

```
Declare   变量名   As   类型名
```

其中，"Declare"可以是 Dim、Static、Public 或 Private 中的任何一个；"As"是关键字；"类型名"可以是数据的基本类型或用户自定义的类型。按照以上语法结构，我们可以按如下语句，定义一个数字类型的变量，变量名为 NUMBER。

```
Dim NUMBER as integer
```

Declare 的用法如下所述。

（1）Dim 语句的语法结构如下：

```
Dim  <变量名>  [As  <数据类型>]
```

Dim 语句用在标准模块、窗体模块或过程中定义变量或数组。当定义的变量要用于窗体时，**代码编辑器**窗口中的**对象**列表框应为**通用**，过程列表框应为**声明**。例如：

```
Dim  Var1  As  Integer  '把 Var1 定义为整型变量
Dim  Total  As  Double  '把 Total 定义为双精度型变量
```

用一个 Dim 可以定义多个变量，例如：

```
Dim  Var1  As  String , Var2  As  Integer  '把 Var1 和 Var2 分别定义为字符串和整
型变量
```

当在一个 Dim 语句中定义多个变量时，每个变量都要使用 As 子句声明其类型，否则该变量被定义为变体类型变量。例如，如果上面的例子改为

```
Dim  Var1 , Var2  As  Integer
```

则 Var1 将被定义为变体型变量，Var2 被定义为整型变量。

在默认情况下，每个数据类型都有一定的默认长度。对于字符串变量，用 As String 可以定义变长字符串变量，也可以定义定长字符串变量。变长字符串变量的长度取决于赋给它的字符串常量的长度，定长字符串的长度通过加上"*数值"来确定。例如：

```
Dim  student_name  As  String*20
```

其中，"20"代表变量字符串的长度。

定义了变量之后，当编译器发现 Dim 语句时，就会根据语句定义生成新的变量，即在内存中保留一定空间并为其取名，当后面用到这个变量时就会利用这个内存区来读取或者设置变量的值。

如果只是 Dim   A，在这种情况下，没有指定变量的类型，则变量 A 为变体型。

用 Static、Public 或 Private 定义变量与 Dim 完全一样，只是用途不同。

（2）**Private** 语句的语法结构如下：

```
Private  <变量名>  [As  <数据类型>]
```

Private 语句用在模块和窗体中声明只在本模块或窗体中起作用的变量。

（3）**Public** 语句的语法结构如下：

```
Public  <变量名>  [As  <数据类型>]
```

Private 语句用于在标准模块中定义全局变量和数组。

（4）**Static** 语句

前面介绍过可以用 Dim 语句来声明过程级局部变量，这种局部变量在每次过程调用结束时消失；但是有时用户会希望过程中的某个变量的值一直存在，这就需要用静态变量。静态变量用 Static 语句声明。

其语法结构如下：

```
Static  <变量名>  [As  <数据类型>]
```

Static 语句用于在过程中定义静态变量及数组，例如：

```
Static  I  As  integer
```

声明了静态变量之后，每次过程调用结束时系统就会保存该变量的变量值。在下一次调用该过程时，该变量的值仍然存在。例如，在窗体设计器中加入一个命令按钮，在按钮的单击事件中加入下面的代码，使用 Static 来声明变量 "n"，每次调用该过程时就会形成一个计数的功能。运行该程序后，用户每单击 1 次命令按钮，"n" 的数值就加 1。

```
Private Sub Cmd1_Click()
Static  n  As  integer
    n=n+1
End  Sub
```

2.2.5 掌握同名变量

若在不同模块中的公用变量使用同一名称，则通过同时引用模块名和变量名就可以在代码中区分它们。例如，在窗体模块（Form1）和通用模块（Module1）中都声明了公用整型变量 "i"，那么引用时只需要用 "Form1.i" 和 "Module1.i" 分别引用它们就可以得到正确的结果。

如果在标准模块中的变量没有同名的变量，则可以省略前面的模块名只引用"i"。

不同的作用范围内也可以有同名的变量。例如，名为"T"的公用变量，在过程中声明名为同名局部变量。在过程内通过引用名称"T"来访问局部变量，通过模块名加上点操作符和变量名可以访问公用变量，如"Form1.T"；在过程外则通过引用名称"T"来访问公用变量，但不能访问局部变量。

一般来说，当变量名称相同而范围不同时，局部变量优先被访问，模块变量可以通过引用关系进行访问。

虽然同名变量的处理并不十分复杂，但是这样很可能会带来麻烦，而且可能会导致难以查找的错误。因此，对不同的变量使用不同的名称是良好的编程习惯。

任务 2.3　掌握 VB 6.0 的常量

常量是在整个程序中事先设置的、值不会改变的数据。一般对于程序中使用的常数，能够用常量表示的尽量用常量表示，这样可以用有意义的符号来标识数据，增强程序的可读性；而且当要一次性全部改动程序中存在的某个常数时，不需要在程序中通过查找来进行修改，只改变与这个常数对应的常量的值即可，这样做增强了程序的可维护性。常量可分为直接常量和符号常量。

（1）直接常量以直接的方式给出数据，如 123、"abc"、True 等。

（2）符号常量用 Const 定义，其语法结构如下：

```
[Public] Const 常量名 [As 类型名]=表达式
```

其中，说明类型是可选的；当省略说明常量类型时，常量类型由它的值决定。等号后面的表达式必须用常量表达式，不能包含变量。例如：

```
Const PI=3.1416
```

上面这行语句定义了一个代表圆周率的常量，它的数据类型是浮点型的，在之后用到圆周率时，就可以用常量"PI"来代替。例如，要计算圆的面积时，可用如下的代码：

```
S=PI*R^2
```

其中，"S"和"R"分别存放面积和半径的变量。程序执行到此处时，自动将常量"PI"换成 3.1416，因此，对常量的处理要比变量快一些。使用常量还有一个好处，就是当以后要改变"PI"的精度时，如把它改成 3.1415926，只需要在定义"PI"处改变一下数值即可；而如果直接使用数值 3.1415，该数出现了多少次，就要改动多少次，这样不仅麻烦还极易出错。

与变量一样，常量的作用域也可以分为 3 种：局部常量、模块级窗体常量以及全局常量。局部常量必须在过程或函数内部定义，模块级常量是在某个模块的"声明"部分定义的，它们都使用 Const 关键字，只是定义的位置不同而已。全局常量则是在标准模块的"声明"部分定义的，而且需要在 Const 前面加上 Public 关键字。

定义常量时，在表达式中还可以包含已经定义过的常量，现举例如下：

```
Const PI=3.1416
Const R=2
Const S=PI*R^2
```

在此例中，定义常量"S"时，其中包含已经定义过的常量"PI"和"R"。

需要注意的是，常量的值在定义之后，就再也不能在程序中改变，如果试图给常量赋值，则会发生错误。

常量的其他性质类似于变量，如符号常量的命名规则、常量的数据类型等。

任务 2.4　编写圆周长和面积计算器应用程序

编写一个圆周长和面积计算器应用程序，主要完成简单的变量和常量的定义，赋值语句的使用，并使用简单运算符计算表达式的值，实现简单的圆周长和面积的计算功能。其界面如图 2-2 所示。

在**半径 r** 文本框中输入半径的值，单击**计算**按钮，在**周长**文本框中显示圆周长的值，在**面积**文本框中显示圆面积的值，如图 2-3 所示。

图 2-2　圆周长和面积计算器界面

图 2-3　计算圆周长和面积

2.4.1　设计应用程序

根据之前学到的知识，为完成上述程序，需要新建工程并设计程序窗体，然后对即将用到的变量进行定义，最后实现数值运算。

变量定义方面，程序需要定义 3 个变量分别储存半径、周长、面积，同时，需要定义一个常量储存 PI 的值。

2.4.2　编写应用程序

（1）新建工程。新建一个工程，将工程命名为**圆周长和面积计算器**，并保存在文件夹中。

（2）设计应用程序界面。设计应用程序界面，其中**半径 r**、**周长**、**面积**为**标签**控件，后面各跟一个**文本框**，**计算**为命令按钮，如图 2-2 所示。

（3）编写应用程序代码。其中**计算**按钮的单击事件的代码如下：

```
Private Sub Command1_Click()
    '定义变量
    Dim R As Double
    Dim L As Double
    Dim S As Double
    '定义常量
    Const PI = 3.1416
    '读取半径 r 的值
    r = Text1.Text
    '计算圆周长和面积
    L = 2 * PI * r
    S = PI * R * r
    '输出圆周长和面积的值
    Text2.Text = L
    Text3.Text = S
End Sub
```

（4）运行应用程序，并执行相关操作。

（5）保存工程。

任务 2.5　掌握数据的输出

2.5.1　了解 Print 方法

在早期的 BASIC 语言中，数据的输出主要通过 Print 语句来实现。VB 6.0 也用 Print 语句输出数据，但是将它作为方法使用。Print 方法不仅可以用于窗体，还可以用于其他的控件和对象。

Print 方法可以在窗体上输出文本或表达式的值，也可以在图形对象、打印机上输出信息。Print 方法使用的语法结构如下：

```
[对象名称.] Print [表达式,|; 表达式…] [,|;]
```

（1）"对象名称"是可选项，可以是窗体（Form）、"调试"窗口（Debug）、图片框（PictureBox）或打印机（Printer）；若省略，则在当前窗体中输出。

（2）"表达式"可以是一个或多个表达式，可以是数值表达式，也可以是字符表达式。数值表达式将输出表达式的值；若是字符串，则照原样输出；若省略"表达式"，则输出一个空行。

（3）当 Print 方法输出多项时，各项之间以逗号、分号或空格隔开。

① 若以逗号隔开，表示以标准语法结构输出显示数据，即每项占一个标准位（14 格）。

② 若以分号隔开，表示以紧凑语法结构输出。当输出数值数据时，数值数据之前有一个

符号位，数据之后有一个空格位；当输出字符数据时，字符数据之间紧密排列。

（4）Print 方法具有计算、输出双重功能，对于表达式先计算后输出其值。

（5）Print 方法末尾标点符号的用法如下：

① 末尾无标点，Print 方法执行完毕按 Enter 键换行，下一个 Print 方法在新的一行上输出。

② 末尾有逗号，Print 方法执行完毕不按 Enter 键换行，下一个 Print 方法在当前行的下一个标准位上输出。

③ 末尾有分号，Print 方法执行完毕不按 Enter 键换行，下一个 Print 方法在当前行以紧凑语法结构输出。

2.5.2 编写数据输出应用程序

本程序主要是完成代码的编写，掌握 Print 语句的各种用法，其运行界面如图 2-4 所示。单击**输出**按钮，将会显示各种数据的输出结果，如图 2-5 所示。

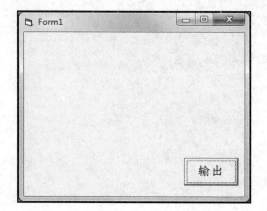

图 2-4　运行界面

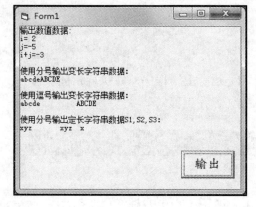

图 2-5　数据输出

其具体操作步骤如下：

（1）新建工程。新建一个工程，将工程命名为**数据输出**，并保存在文件夹中。

（2）设计应用程序界面。应用程序界面如图 2-4 所示。

（3）编写应用程序代码。**输出**按钮单击事件的代码如下：

```
Private Sub Command1_Click()
    '定义变量
    Dim i As Integer, j As Integer          '定义整形变量
    Dim S As String                          '定义变长字符串
    Dim S1 As String * 10, S2 As String * 5, S3 As String * 1
                                             '定义定长字符串

    i = 2:   j = -5
    Print "输出数值数据:"                     '输出字符串常量
    Print "i="; i                            '输出数值数据
```

```
        Print "j="; j
        Print "i+j="; i + j                    '输出计算表达式的值
        Print                                  '输出一个空行


        S = "abcde"
        Print "使用分号输出变长字符串数据："
        Print S; "ABCDE"                       '使用分号输出变长字符串变量和字符串常量
        Print
        Print "使用逗号输出变长字符串数据："
        Print S, "ABCDE"                       '使用逗号输出变长字符串变量和字符串常量
        Print


        S1 = "xyz": S2 = "xyz": S3 = "xyz"
        Print "使用分号输出定长字符串数据 S1,S2,S3："
        Print S1; S2;                          '尾部加分号表示下一个变量输出不换行
        Print S3
    End Sub
```

（4）运行应用程序，并执行相关操作。

（5）保存工程。

任务 2.6 掌握 VB 6.0 的运算符和表达式

运算（即操作）是对数据的加工。最基本的运算形式常常可以用一些简洁的符号来描述，这些符号称为运算符或操作符。被运算的对象即数据，称为运算量或操作数。由运算符和运算量组成的表达式描述对哪些数据以何种顺序进行什么样的操作。运算量可以是常量，也可以是变量，还可以是函数。例如，2+3、a+b、Sin(x)、a=2、PI*r*r 等都是表达式。单个变量和常量也可以看做表达式。

VB 6.0 提供了丰富的运算符，包括算术运算符、关系运算符、逻辑运算符以及字符串连接运算符，它们可以构成多种表达式。

2.6.1 掌握算术运算符

算术运算符是最常用的运算符，可以进行简单的算术运算。在 VB 6.0 中提供了 8 种算术运算符，表 2-2 按优先级从高到低的顺序列出了这些算术运算符。

表 2-2　VB 6.0 算术运算符

运算符名称	运 算 符	表达式例子	运算符名称	运 算 符	表达式例子
幂	^	A^2	整数除法	\	A\B
取负	−	−A	取余	Mod	A Mod B
乘法	*	A*B	加法	+	A+B
浮点除法	/	A/B	减法	−	A−B

在这 8 种算术运算符中，除负运算（–）是单目运算符（只有一个运算量）外，其他均为双目运算符（需要两个运算量）。

加（+）、减（–）、乘（*）、除（/）以及取负（–）几个运算符的含义和用法与数学中的基本相同，下面介绍其他几种运算符的含义和用法。

1．幂运算

幂运算（^）与数学运算中的指数运算类似，用来进行乘方和方根运算。例如，2^8 表示 2 的 8 次方，即为数学运算中的 2^8。下面是幂运算的几个例子。

```
10^3              '10 的立方，即 10³=1000
81^0.5            '81 的平方根，即 81^(1/2)=9
10^-1             '10 的倒数，即 1÷10=0.1
```

2．整数除法

整数除法运算符（＼）进行整除运算，结果为整型值，因此表达式"5\3"的结果为1。整除的操作数一般为整型数，其取值必须为–217483648.5～+2147483647.5。当其操作数为浮点型时，首先四舍五入为整型或长整型，然后进行整除运算。其运算结果被"截断"为整型数或长整型数，不进行四舍五入处理。例如：

```
a=5\3             '其运算结果为 a=1
b=21.81\3.4       '其运算结果为 b=7
```

3．取余运算

取余运算符（Mod）又称模运算，用来求余数，其结果为第 1 个操作数整除第 2 个操作数所得的余数。例如，5 Mod 3=2，即 5 整除 3，其余数为 2。

与整数的除法运算一样，取余运算符的操作数一般情况下也为整型数，它的取值为–2147483648.5～+2147483647.5。当其操作数为浮点型时，首先四舍五入为整型或长整型，然后进行取余运算。例如，21.81 Mod 3.4 的结果为 1。

2.6.2　掌握字符串连接符

字符串表达式是采用连接符将两个字符串常量、字符串变量、字符串函数连接起来的表达式。连接符有两个"&"和"+"，其作用都是将两个字符串连接起来。表达式的运算结果是一个字符串。例如：

```
"计算机"&"网络"       '结果是"计算机网络"
"123"+"45"           '结果是"12345"
```

2.6.3　掌握关系运算符

关系运算符是用来对几个表达式的值进行比较运算的，也称比较运算符。其比较的结果是一个逻辑值，即真（True）或假（False）。VB 6.0 中提供了 8 种关系运算符，如表 2-3 所示。

表 2-3　VB 6.0 关系运算符

运算符名称	运算符	表达式例子	运算符名称	运算符	表达式例子
相等	=	A=B	小于或等于	<=	A<=B
不相等	<>或><	A<>B 或 A><B	大于或等于	>=	A>=B
小于	<	A<B	比较样式	Like	
大于	>	A>B			

用关系运算符连接的两个操作数或算术运算表达式组成的表达式称为关系表达式。关系表达式的结果是一个逻辑值，即真（True）或假（False）。例如：

```
3>2                           '结果是 True 即-1
(A+B)<T/2(其中 A=1，B=2，T=4)    '结果是 False 即 0
```

关系运算符既可以进行数值的比较，又可以进行字符串的比较。当进行字符串比较时，首先比较两个字符串的第 1 个字符，其中 ASCII 值较大的字符所在的字符串大。如果第 1 个字符相同，则比较第 2 个，以此类推。例如：

```
"abcdhijlsa">"aeabdf"          'b>e，故结果为 False 即 0
```

当在数学中判断 x 是否在区间[a，b]时，习惯上写成 a≤x≤b。但在 VB 6.0 中不能写成 a<=x<=b，应写成 a<=x And x<=b。"And"是下面将要介绍的逻辑运算符"与"。

2.6.4　掌握逻辑运算符

逻辑运算符也称布尔运算符,用来连接两个或多个关系式,组成一个布尔表达式。在 VB 6.0 中有 6 种逻辑运算符，表 2-4 按优先级从高到低的顺序列出了这些逻辑运算符。

表 2-4　逻辑运算符

运算符名称	运 算 符	表达式例子	运算符名称	运 算 符	表达式例子
非	Not	Not(A>B)	异或	Xor	(A<B)Xor(2>3)
与	And	(A<B)And(2>3)	等价	Eqr	(A<B)Eqr(2>3)
或	Or	(A<B)Or(2>3)	蕴含	Imp	(A<B)Imp(2>3)

6 种逻辑运算符中，除了非（Not）是单目运算符外，其他均为双目运算符。

1．非运算符

非运算符进行"取反"运算，即真变假或假变真。例如：

```
4>5                           '结果为 False，即 0
Not(4>5)                      '结果为 True，即-1
```

2．与运算符

与运算符（And）是对两个关系表达式的值进行比较运算，如果表达式的值均为 True，结果才为 True；否则为 False。例如：

```
(4>5)And(6>3)                 '其结果为 False，即 0
(4>5)And(6>8)                 '其结果为 False，即 0
```

3．或运算符

或运算符（Or）对两个关系表达式的值进行比较运算，如果其中一个表达式的值为 True，则结果为 True；只有两个表达式的值都为 False 时，结果才为 False。例如：

```
(4>5)Or(6>3)              '其结果为True，即-1
(4>5)Or(6>8)              '其结果为False，即0
```

4．异或运算符

用异或运算符（Xor）运算时，只有两个表达式的值同时为 True 或同时为 False 时，结果才为 False；否则为 True。例如：

```
(4>5)Xor(6>3)            '其结果为True，即-1
(4>5)Xor(6>8)            '其结果为False，即0
```

5．等价运算符

用等价运算符（Eqr）运算时，只有两个表达式的值同时为 True 或同时为 False 时，结果才为 True；否则为 False。例如：

```
(4>5)Eqr(6>3)            '其结果为False，即0
(4>5)Eqr(6>8)            '其结果为True，即-1
```

6．蕴含表达式

用蕴含表达式（Imp）运算时，只有第 1 个表达式的值为 True，且第 2 个表达式的值为 False 时，其结果才为 False；否则为 True。例如：

```
(4>5)Imp(6>3)            '其结果为True，即-1
(4>5)Imp(6>8)            '其结果为True，即-1
(8>5)Imp(6>3)            '其结果为True，即-1
(8>5)Imp(6>8)            '其结果为False，即0
```

表 2-5 列出了 6 种逻辑运算符的运算值。

表2-5　逻辑运算符的运算值

A	B	Not A	A And B	A Or B	A Xor B	A Eqr B	A Imp B
−1	−1	0	−1	−1	0	−1	−1
−1	0	0	0	−1	−1	0	0
0	−1	−1	0	−1	−1	0	−1
0	0	−1	0	0	0	−1	−1

2.6.5　掌握运算符执行顺序

当一个表达式中有多个运算符时，计算机会按照一定的顺序对表达式求值，其运算顺序如下：

（1）进行括号内的运算。

（2）进行函数的运算。

（3）进行算术运算。

算术运算的内部运算顺序由高到低如下：幂（^）→取负（−）→乘（*）、浮点除法（/）→

整数除法（\）→取余（Mod）→加（+）、减（－）。

（4）进行字符串连接运算（&或+）。

（5）进行关系运算（=、>、<、<>或><、<=、>=）。

（6）进行逻辑运算，其内部顺序为非（Not）→与（And）→或（Or）→异或（Xor　等价（Eqr）→蕴含（Imp）。

各种运算符的执行顺序如表 2-6 所示。

表 2-6　运算符执行顺序

算　术	连　接	比　较	逻　辑	优先级
幂(^)	字符串连接运算（&或+）	相等（=）	非（Not）	高
取负（－）		不等于（<>或><）	与（And）	
乘（s）、浮点除法（/）		小于（<）	或（Or）	
整数除法（\）		大于（>）	异或（Xor）	
取余（Mod）		小于等于（<=）	等价（Eqr）	
加（+）、减（－）		大于等于（>=）	蕴含（Imp）	
		Like		低
		Is		

VB 6.0 中的表达式与数学表达式有类似的地方，但也有区别，在书写时应注意以下几点。

（1）在一般情况下，不允许两个运算符相连，应当用括号隔开。

（2）括号可以改变运算顺序。在表达式中只能使用圆括号"()"，不能使用方括号"[ ]"或花括号"{}"。

（3）乘号"*"不能省略，也不能用"."代替。

任务 2.7　编写多位数分位显示应用程序

编写一个"多位数分位显示"应用程序，其运行界面如图 2-6 所示。在文本框中输入一个 7 位数，如输入"7654321"，单击**显示**按钮，在下面的小文本框中将会出现多位数的分位显示，如图 2-7 所示。

图 2-6　多位数分位显示运行界面　　　　　　　图 2-7　分位显示多位数

（1）新建工程。新建一个工程，将工程命名为**多位数分位显示**，并保存在文件夹中。

（2）设计应用程序界面。

（3）编写应用程序代码。**显示**按钮单击事件的代码如下：

```
Private Sub Command1_Click()
    Dim x As Long, a As Long, b As Long, c As Long, d As Long, _
    e As Integer, f As Integer, g As Integer
    x = Val(Text1.Text)
    Text2.Text = Str$(x \ 1000000)
    a = x Mod 1000000
    Text3.Text = Str$(a \ 100000)
    b = a Mod 100000
    Text4.Text = Str$(b \ 10000)
    c = b Mod 10000
    Text5.Text = Str$(c \ 1000)
    d = c Mod 1000
    Text6.Text = Str$(d \ 100)
    e = d Mod 100
    Text7.Text = Str$(e \ 10)
    f = e Mod 10
    Text8.Text = Str$(f)
End Sub
```

（4）运行应用程序，并执行相关操作。

（5）保存工程。

任务 2.8　熟悉 VB 6.0 的常用函数

2.8.1　了解 VB 6.0 常用函数

使用函数可以带来很大的方便。VB 6.0 提供了大量的内部函数，使用函数有如下两种方法。

（1）如果需要使用返回值，其语法结构如下：

变量名=函数名（参数列表）

（2）如果不需要使用返回值，其语法结构如下：

函数名（参数列表）

所谓参数，就是在调用函数时交给函数处理的数据。所谓返回值，就是函数经过一系列运算后返回给调用者的值。表 2-7 列出了 VB 6.0 中部分常用函数。

在 VB 6.0 中除了常用的一些字符转换函数和数学函数外，还提供了十分丰富的字符串处理函数。字符串函数是用来对字符串进行处理或操作的函数，主要有如下几种。

Len：用来返回字符串的当前长度（即字符串中字符的个数）。例如，Len("Hello")、Len("Good")的值分别为 5 和 4。

表 2-7　VB 6.0 中部分常用函数

类　　别	函 数 名	作　　用
类型转换函数	Cint(x)	将 x 的值的小数部分四舍五入转换为整型
	CLng(x)	将 x 的值的小数部分四舍五入转换为长整型
	CSng(x)	将 x 的值转换为单精度浮点型
	CDbl(x)	将 x 的值转换为双精度浮点型
	CStr(x)	将 x 的值转换为字符型
	CBool(x)	将 x 的值转换为布尔型
	Cvar(x)	将 x 的值转换为变体型
	Val	将代表数值的字符串转换成数值型数据
	Str$	将数值型数据转换成代表数值的字符串
数学函数	Abs(x)	返回 x 的绝对值
	Sqr(x)	返回 x 的平方根
	Fix(x)	若 x 的值是正数，则返回该数的整数总数；若 x 是负数，则返回一个不小于参数的最小整数
	Int(x)	若 x 的值是正数，则返回该数的整数部分；若 x 是负数，则返回一个不大于参数的最大整数
	Sgn(x)	返回 x 的符号，x 为正数时返回 1，x 为 0 时返回 0，x 为负数时返回 −1
	Exp(x)	返回以 e 为底的 x 的指数值
	Log(x)	返回以 10 为底的 x 的对数值
	Sin(x)	返回 x 的正弦值
	Cos(x)	返回 x 的余弦值
	Tan(x)	返回 x 的正切值
	Atn(x)	返回 x 的余切值
	Rnd	返回一个 0~1 的单精度随机数

Left：从某字符串的左边截取子字符串，其语法结构如下：Left（原字符串，截取长度）。该函数有两个参数，第 1 个是被截取的原字符串，第 2 个是截取的字符个数。例如，Left("Hello",2) 是从字符串 "Hello" 左边截取两个字符，返回值是 "He"。

Right：从字符串的右边截取子字符串，使用方法与 Left 一样。例如，Right("Hello" ,2) 的返回值为 "lo"。

Mid：从中间截取子字符串。该函数的语法结构如下：Mid（字符串，起始位置，截取个数）。例如，Mid("Hello" ,3,2)，表示从该字符串的第 3 个字符处截取两个字符，返回值为 "ll"。

StrReverse：返回与原字符串反向的字符串。例如，StrReverse("Hello")的值为 "olleH"。

LTrim：清除字符串左边的空格。例如，LTrim("　　Hello")的值为 "Hello"。

RTrim：清除字符串右边的空格。例如，RTrim("Hello　　")的值为 "Hello"。

Trim：清除字符串两边的空格。例如，Trim("　　Hello　　")的值为 "Hello"。

Space：返回一个由指定长度空格组成的字符串。注意该返回值与空字符串("")并不相同，前者是由空格组成的字符串，而后者不包含任何内容。

String：返回一个由指定字符组成的字符串。例如，String(5, "#")的值为 "#####"。

Lcase：将字符串的所有字母变成小写。例如，LCase("Hello")的值为 "hello"。

UCase：将字符串的所有字母变成大写。例如，UCase("Hello")的值为 "HELLO"。

另外，VB 6.0 还提供了输入/输出函数、日期函数、时间函数等大量的内部函数。

2.8.2 编写 Sin(x)和 Cos(x)函数计算器应用程序

编写一个"Sin(x)和 Cos(x)函数计算器"应用程序，其运行界面如图 2-8 所示。在文本框中输入函数自变量的值，如输入"30"，单击**计算**按钮，在相应的文本框中将分别出现其正弦函数值和余弦函数值，如图 2-9 所示。单击**清空**按钮，界面将恢复启动状态。

图 2-8　Sin(x)和 Cos(x)函数计算器运行界面　　　　图 2-9　显示计算结果

其具体操作步骤如下：

（1）新建工程。新建一个工程，将工程命名为 **Sin(x)和 Cos(x)函数计算器**，并保存在文件夹中。

（2）设计应用程序界面。

（3）编写应用程序代码。

① **计算**按钮单击事件的代码如下：

```
Private Sub Command1_Click()
    Dim x As Single, sinx As Double, cosx As Double
    Const PI = 3.1416
    x = Text1.Text
    x = x * PI / 180      '将角度转换成弧度进行计算
    sinx = Sin(x)
    cosx = Cos(x)
    Text2.Text = sinx
    Text3.Text = cosx
End Sub
```

② **清空**按钮单击事件的代码如下：

```
Private Sub Command2_Click()
    Text1.Text = ""
    Text2.Text = ""
    Text3.Text = ""
End Sub
```

（4）运行应用程序，并执行相关操作。

（5）保存工程。

项目拓展　编写函数运算器应用程序

编写一个函数运算器应用程序，其程序运行界面如图 2-10 所示。在文本框中输入一个数，

单击 **SIN**、**COS**、**TAN** 或 **SQR** 按钮，把文本框中数值的 sin、cos、tan 或 sqr 的函数值显示在相应的文本框中，如图 2-11 所示；单击**清除**按钮，返回启动界面；单击**退出**按钮，退出程序。

图 2-10　函数运算器运行界面

图 2-11　运算结果显示界面

（1）新建工程。新建一个工程，将工程命名为**函数运算器**，并保存在文件中。

（2）设计应用程序界面。各控件的**名称**属性设置参考程序代码中的相关控件名称，如图 2-11 所示。

（3）编写应用程序代码。

① **通用/声明**模块代码如下：

```
Dim X As Double, Y As Double
Const PI = 3.1415926
```

② **SIN** 按钮单击事件的代码如下：

```
Private Sub CmdSIN_Click()
    X = Val(TxtX.Text)
    Y = Sin(X)
    TxtY.Text = Str(Y)
End Sub
```

③ **COS** 按钮单击事件的代码如下：

```
Private Sub CmdCOS_Click()
    X = Val(TxtX.Text)
    Y = Cos(X)
    TxtY.Text = Str(Y)
End Sub
```

④ **TAN** 按钮单击事件的代码如下：

```
Private Sub CmdTAN_Click()
    X = Val(TxtX.Text)
    Y = Tan(X)
    TxtY.Text = Str(Y)
End Sub
```

⑤ **SQR** 按钮单击事件的代码如下：

```
Private Sub CmdSQR_Click()
    X = Val(TxtX.Text)
    Y = Sqr(X)
    TxtY.Text = Str(Y)
End Sub
```

⑥ **清除**按钮单击事件的代码如下：

```
Private Sub CmdCls_Click()
    TxtX.Text = ""
    TxtY.Text = ""
End Sub
```

⑦ **退出**按钮单击事件的代码如下：

```
Private Sub CmdEnd_Click()
    End
End Sub
```

（4）运行应用程序，并执行相关操作。

（5）保存工程。

知识拓展

控件名称的约定缩写如下。

在前面编程的过程中，所有的控件名称都采用系统默认的名称，如 **Command1**、**Label1** 等。这种命名方法既不利于书写，也很不直观，极易混淆。为了便于编写程序，VB 6.0 对控件的命名有一个约定，即控件名要具有可读性，也就是说，一看到控件的名称就知道该控件的类型及其功能。为了表明控件的类型，在给控件命名时，必须在名称前面加上控件类型的缩写前缀，如"cmd"代表命令按钮，"lbl"代表标签控件等。常用控件名称的约定缩写如表 2-8 所示。

表 2-8　控件名称的约定缩写

控　件	名 称 缩 写	示　例	控　件	名 称 缩 写	示　例
窗体	frm	frmDraw	列表框	lst	lstCity
标签	lbl	lblName	组合框	cbo	cboCity
文本框	txt	txtName	水平滚动条	hsb	hsbRed
命令按钮	cmd	cmdOK	垂直滚动条	vsb	vsbRed
单选按钮	opt	optMan	图片框	pic	picCat
框架	fra	fraColor	图像框	img	imgCat
复选框	chk	chkFont	菜单	mnu	mnuFile

课后练习与指导

一、选择题

1. 下列变量名中，合法的变量名是（　　　）。

　　A．C24　　　　　　　B．A.B　　　　　　　C．A:B　　　　　　　D．1+2

2．可以同时删除字符串前导和尾部空白的函数是（　　　）。

　　A．Ltrim　　　　　　B．Rtrim　　　　　　C．Trim　　　　　　D．Mid

3．设a="Visual Basic"，下面使b="Basic"的语句是（　　　）。

　　A．b=Left(a，8，1 2)　　　　　　　　　B．b=Mid(a，8，5)

　　C．b=Rigth(a，5，5)　　　　　　　　　D．b=Left(a，8，5)

4．设有如下声明：Dim x As Integer，如果Sgn(x)的值为-1，则x的值是（　　　）。

　　A．整数　　　　　　B．大于0的整数　　C．等于0的整数　　D．小于0的数

5．表达式4+5\6*7/8 Mod 9的值是（　　　）。

　　A．4　　　　　　　　B．5　　　　　　　C．6　　　　　　　D．7

6．执行以下操作：

　　a=8 ＜CR＞　(＜CR＞是**Enter**键，下同)

　　b=9 ＜CR＞

　　Print a>b ＜CR＞

则输出结果是（　　　）。

　　A．-1　　　　　　　B．0　　　　　　　C．False　　　　　　D．True

7．下面选项中属于字符型数据的是（　　　）。

　　A．"Hello"　　　　　B．'Hello'　　　　　C．Hello　　　　　　D．#Hello

8．存储一个双精度浮点数所占的字节数是（　　　）。

　　A．4　　　　　　　　B．8　　　　　　　C．16　　　　　　　D．32

9．下面为正确的整型常量的是（　　　）。

　　A．&624　　　　　　B．0347　　　　　　C．&0127　　　　　　D．&0128

10．把小写字母转换为大写字母的函数是（　　　）。

　　A．Lcase$　　　　　B．Ucase$　　　　　C．Instr　　　　　　D．Len

11．"x是小于100的非负数"，用VB 6.0表达式的正确表示是（　　　）。

　　A．0<=x<100　　　B．0<=x<100　　　C．0<=x And x<100　D．0<=x Or X<100

12．下面可以产生20～30（含20和30）的随机整数的表达式是（　　　）。

　　A．Int(Rnd*10+20)　B．Int(Rnd*11+20)　C．Int(Rnd*20+30)　D．Int(Rnd*30+20)

13．设a=2，b=3，c=4，d=5，则下面语句的输出是（　　　）。

　　Print3>2*b Or a=c And b<>c Or c>d

　　A．False　　　　　　B．1　　　　　　　C．True　　　　　　D．-1

14．设窗体文件中有下面的事件过程：

```
Private Sub Command1_Click()
    Dim s
    a%=100
    Print a
End Sub
```

其中变量a和s的数据类型分别是（　　　）。

　　A．整型，整型　　　　　　　　　　　B．变体型，变体型

　　C．整型，变体型　　　　　　　　　　D．变体型，整型

15．下面关于标准模块的叙述中错误的是（　　　）。

A．标准模块中可以声明全局变量

B．标准模块可以包含一个 Sub Main 过程，但此过程不能被设置为启动过程

C．标准模块中可以包含一些 Public 过程

D．一个工程中可以包含多个标准模块

16．下面程序运行时，若输入 395，则输出结果是（　　　）。

```
Private Sub Command1_Click()
    Dim x%
    x=InputBox("请输入一个 3 位整数")
    Print xMod10,x\100,(xMod100)\10
End Sub
```

　　A．3 9 5　　　　　B．5 3 9　　　　　C．5 9 3　　　　　　　　D．3 5 9

二、判断题

1．在 VB 程序设计中，TextBox 对象没有 Caption 属性。　　　　　　　　　（　　）

2．保存新建工程时，默认的路径是 C:\Windows。　　　　　　　　　　　　（　　）

3．当按钮的 Enable 属性设置为 False 时，该按钮为不可见。　　　　　　　　（　　）

4．在 Selectcase 结构中应至少包含一个子句。　　　　　　　　　　　　　　（　　）

5．启动 VB 6.0 时，VB 6.0 默认的工程类型是标准 EXE 程序。　　　　　　　（　　）

6．当对窗体中的对象进行单击操作时，VB 就会显示该对象的代码窗口。

　　　　　　　　　　　　　　　　　　　　　　　　　　　　　　　　　　（　　）

7．VB 的对象是窗体和控件的总称。　　　　　　　　　　　　　　　　　　（　　）

8．用窗体的 Caption 属性可以设置窗体的标题。　　　　　　　　　　　　　（　　）

9．建立控件时系统自动给控件一个名称，第一个建立的命令按钮名称是 Command。

　　　　　　　　　　　　　　　　　　　　　　　　　　　　　　　　　　（　　）

10．标签框有 Text 属性。　　　　　　　　　　　　　　　　　　　　　　（　　）

三、简答题

1．试说明常量、变量的区别及其用途。

2．如何定义公共变量？什么情况下需要用到公共变量？

3．数值型数据有哪几种？为什么可以把 Byte 类型的数据当做数值型数据使用？

4．整型数据、浮点型数据都是数值型数据。与浮点数相比，整型数据有什么优势？

5．运算符有哪些类型？其优先级如何？

6．有变量 X=24.6，Y=3，Z="97"。试写出以下表达式的结果。

（1）X+Y；（2）X/Y；（3）X\Y；（4）X Mod Y；（5）Y+Z；

（6）Y&Z；（7）X>Y；（8）Not((X<Y And Y<Z)Or(x>Y))。

四、实践题

1．编写英文大小写转换器应用程序。

编写一个英文大小写转换器应用程序，其运行界面如图 2-12 所示。在文本框中输入字符串"Visual Basic 6.0"，单击大写按钮后，文本框中的字符变为"VISUAL BASIC 6.0"；然后单击小写按钮，文本框中的字符变为"visual basic 6.0"。

2．编写加减法运算器应用程序。

编写一个加减法运算器应用程序，其运行界面如图 2-13 所示。单击+或-按钮，实现两个随机数的加法或减法计算，并把结果显示在等号后面；单击清除按钮，返回启动界面；单击退

出按钮，退出程序。

图 2-12　英文大小写转换器运行界面

图 2-13　加减法运算器运行界面

窗体与控件——设计简单乘法计算器

你知道吗?

作为 Microsoft 推出的 Windows 平台下应用程序开发工具,与其他高级语言相比,VB 可以更加高效、快速地开发功能强大、图形界面丰富的应用软件。在大部分情况下,Java、C++等语言仍需要通过编写程序代码来设计界面,在设计过程中看不到实际效果,在一定程度上降低了开发效率。虽然如今语言种类繁多,各有所长,Java、C、C++、C#等编程语言占据了高级语言市场的绝大部分,但是从简单、易用方面来看,VB 仍旧是 Windows 平台下图形界面开发的最佳选择。

应用场景

设计图形用户界面(GUI)的核心即部署窗体与控件,大部分语言的实现方式是编码确定窗体与控件的属性、位置等信息。在 VB 中,只需要把预先建立的对象拖动到屏幕上的一点进行定位,简单修改需要变更的属性即可,其余代码 VB 将自动完成。当前,大部分应用程序都具有 GUI,本项目将编写多个应用程序,使用多种类型的控件完成程序与用户的交互。

背景知识

GUI 是指采用图形方式显示的计算机操作用户界面。与早期计算机使用的命令行界面相比,图形界面对于用户来说在视觉上更易于接受。

GUI 的广泛应用是当今计算机发展的重大成就之一,它极大地方便了非专业用户的使用。人们不再需要死记硬背大量的命令,而可以通过窗口、菜单、按键等方式来方便地进行操作。

设计思路

本项目使用 VB 6.0 开发一个简单的乘法计算器应用程序,如图 3-1 所示,这个乘法计算器提供了最简单的乘法计算功能。通过本项目的开发,学习 VB 6.0 编程的基本步骤:新建工程,建立可视化用户界面(添加控件、编辑控件、设置控件属性),编写程序代码。

在乘法计算器**文本框 1** 和**文本框 2** 中分别输入**被乘数**和**乘数**后,单击**乘法**按钮就能实现这两个数的乘法运算,并在**文本框 3** 中显示运算结果;当单击**清除**按钮时,将清除 3 个文本框中的内容;当单击关闭按钮时,关闭对话框,退出程序,返回 VB 6.0 开发环境。

图 3-1　乘法计算器应用程序界面

任务 3.1 掌握窗体及相关概念

VB 程序设计的步骤是设计用户界面、设置属性、编写事件过程代码。而设计用户界面的第一步是向窗体中添加控件。因此我们首先要了解有关窗体和控件的基础知识。

3.1.1 了解窗体的概念

窗体也称表单（Form），是一种特定的类，它用于定义一个窗口。窗体是设计 VB 应用程序的一个基本平台，几乎所用的控件都是添加在窗体上的，而大多数应用程序都是由窗体开始执行的，所以学习窗体的设计方法是学习 VB 应用程序开发必不可少的内容。

窗体对象是 VB 应用程序的基本构造模块，是运行应用程序时，与用户交互操作的实际窗口。窗体有自己的属性、事件和方法来控制窗体的外观和行为。例如，窗体的 Caption 属性确定显示在窗体对象标题栏中的内容，或最小化图标下的文本；而 Circle 方法则可以在窗体上画一个圆或椭圆。

窗体是一块"画布"，在窗体上可以直观地建立应用程序。设计程序时窗体是程序员的"工作台"，而在运行程序时，每个窗体对应于一个窗口。窗体是 VB 中的对象，具有自己的属性、事件和方法。

3.1.2 掌握窗体的结构与属性

设置窗体的第一步是设置它的属性，这可以在程序设计时在属性窗口中手工设置，也可以在程序运行时由代码实现。窗体的属性很多，它们不仅影响着窗体的外观，还控制着窗体的位置、行为等其他方面。

窗体结构是典型的 Windows 软件的窗口。在设计阶段称为窗体，程序运行后可以称为窗口。系统菜单也称控制菜单，运行时双击可以关闭窗体，单击可以显示系统命令菜单，图标可以用 Icon 属性改变。标题可以通过 Caption 属性来更改。标题栏控制菜单、最大、最小化按钮可以通过窗体中的 ControlBox、Caption、MinButton、MaxButton 属性来设置。有一些属性只能用程序代码或属性窗口设置，通常把只能用属性窗口设置的属性称为"只读属性"，如 Name 属性。

以下列出了窗体的一些经常使用的属性及其说明。

1．Name

Name（名称）属性允许用户给窗体设置合适的名称，一个新窗体的默认名是窗体 Form 加上一个特定的整数。例如，第一个新窗体是 Form1。窗体不能用系统中的关键字来命名，否则可能在用户的代码中引起冲突。引用窗体的 Name 属性的语法形式如下：

```
Form1.Name
```

其中 Form1 为窗体名，下同。

2．Caption

Caption（标题）属性决定窗体标题栏中显示的文本。当用户创建一个新窗体时，其标题栏的默认文本也是窗体 Form 加上一个特定的整数，如 Form1 等。可以通过设计时属性窗口或运行程序时通过程序代码设置。引用窗体的 Caption 属性的语法如下：

```
Form1.Caption
```

3. BorderStyle

BorderStyle（边框类型）属性可以控制窗体边界类型及如何调整大小，默认值为 2。允许用户通过窗体边缘的热点改变窗体的大小和形状。在代码中引用 BorderStyle 属性的方法如下：

```
Form1.BorderStyle=[Value]
```

Value 有以下 6 个预定义的选择。

0——None 窗体无边框。

1——FixedSingle 固定单边框，不能用鼠标改变窗口大小。

2——Sizable（默认值），可调整的边框，并有双线边界。

3——FixedDialog 固定对话框。没有最大、最小化按钮，运行时不可调边框。

4——FixedToolWindow 固定工具窗口。窗体大小不能变，只有关闭按钮，并用缩小字显示于标题栏。

5——SizableToolWindow 可变大小工具窗口。窗体大小可变，只有关闭按钮，并用缩小字显示于标题栏。运行时此属性是只读，设计时可用。

4. ControlBox

ControlBox（控制框）只适用于窗体。当用户运行应用程序时该属性有效，用来在窗体标题栏左边设置一个控制框，单击控制框显示一个控制菜单，有**最大化、最小化、关闭**等选项。ControlBox 属性默认设置为 True，能够使窗体显示控制框。当窗体的 BorderStyle 属性设置为 0 时，控制框将不能被显示。

5. BackColor

BackColor（背景颜色）属性决定窗体的背景颜色。引用该属性的语法如下：

```
Form1.BackColor=[Color]
```

6. ForeColor

ForeColor（前景颜色）属性决定窗体的前景颜色。引用该属性的语法如下：

```
Form1. ForeColor =[Color]
```

7. AutoRedraw

AutoRedraw（自动重画）属性控制窗体图像的重建，主要用于多窗体程序设计，可以设置成 True 或 False。在其他窗口覆盖某窗口后，又返回该窗口时，如果将 AutoRedraw 属性设置为 True，VB 将自动刷新或者重画该窗体的所有图形。如果将该属性设置为 False，则 VB 必须调用一个事件过程来执行该项任务。此属性是使用图形方法（如 Circle、Point、Cls 和 Print）的核心，设置 AutoRedraw 为 True，可以在窗体中重画这些方法的输出。

8. Height、Width

Height（高）属性和 Width（宽）属性可以确定窗体的初始高度和宽度，包括边框和标题栏，其单位为 twip（1/1440 英寸）。对于一个窗体，Height 和 Width 属性随用户或代码确定的窗体大小而改变，它们的最大值由系统决定。

9．Top、Left

Left（左边）和 Top（顶边）属性根据屏幕左上角确定窗体的位置。Left 属性确定窗体最左端和它的包容器最左端之间的距离；Top 属性确定窗体最上端和它的包容器最上端之间的距离。通常 Left 和 Top 属性在一个窗体中总是成对出现的，当通过用户或通过代码移动窗体时，这两个属性值都会随之改变。

10．MaxButton、MinButton

MaxButton（最大化按钮）和 MinButton（最小化按钮）属性决定窗体是否最大化或最小化。MaxButton 属性为 True 时，表明窗体有最大化按钮；为 False 时，表明窗体没有最大化按钮。MinButton 属性为 True 时，表明窗体有最小化按钮；为 False 时，表明窗体没有最小化按钮。要显示最大化或最小化按钮，Borderstyle 属性应设置为 1 或 2。当一个窗体被最大化时，最大化按钮会自动变为恢复按钮。

11．Icon

Icon（图标）属性决定了运行中窗体最小化时显示的图标。设置为 ICO 格式的图标文件，此属性只适用于窗体。用户能够安排一个图标给窗体用来表示窗体的功能，如果用户没有给窗体指定图标，VB 会为窗体设置一个默认图标。用户在为窗体设置图标时，可利用 VB 的图标库，该库在 Icons 子目录下。用户只要在属性窗口单击 Icon 属性右边的浏览按钮，从打开的对话框中选择其中一个目录，然后浏览是否有自己满意的图标。

12．WindowState

WindowState（窗口状态）属性可以把窗体设置成在启动时最大化、最小化或正常大小。

13．Enabled

Enabled（允许）属性决定窗体是否对用户产生的事件发生反应。Enabled 属性为 True 时，允许窗体对事件做出反应；为 False 时，禁止窗体对事件做出反应。

14．Visible

Visible（可见性）属性确定窗体是被显示还是被隐藏，只在运行程序时才起作用。其值设置为 True 时，能够使窗体可见；设置为 False 时，窗体将被隐藏。窗体名.Visible=true 与窗体名.Show 相同。

15．Picture

Picture（图形）属性确定窗体中一个被显示的图片。该属性的设置值有 None、Bitmap、Icon、Metafile。None 设置是默认值，用来确定窗体中没有图片。Bitmap、Icon、Metafile 等设置值用来指定一个图形。

3.1.3　掌握窗体的事件

在 VB 中，事件就是能被对象所识别的动作，单击或者双击就是最常用的事件。此外，用户的键盘输入、鼠标的移动、窗体的载入，还有定时器产生的定时信号等，都是事件。如果说属性决定了对象的外观，方法决定了对象的行为，那么事件就决定了对象之间联系的手段。其中与窗体有关的重要事件有以下几种。

1．Click 事件

用户在窗体上单击时触发 Click（单击）事件，VB 将调用 Form_Click 事件过程。

2．DblClick 事件

用户在窗体上双击时触发 DblClick（双击）事件。

3．Load 事件

一旦装载窗体，启动应用程序就自动产生该事件，Load（装入）事件适用于在启动应用程序时对属性和变量的初始化。

4．Unload 事件

删除窗体时发生 Unload（卸载）事件。当该窗体再次被装载时，它的所有控件都会重新初始化。这个事件是由用户动作（用控件菜单关闭窗体）或一个 Unload 语句触发的。

5．Activate、Deactivate 事件

激活窗体时发生 Activate（活动）事件，取消该活动窗体而激活另一个窗体时该窗体发生 Deactivate（非活动）事件。窗体可通过用户的操作变成活动窗体，如单击窗体的任何部位或在代码中使用 Show 或 SetFocus 方法。

6．Paint 事件

重新绘制一个窗体时发生 Paint（绘画）事件。当移动、放大、缩小该对象或一个覆盖该对象的窗口移动后，该窗体暴露出来，就会发生此事件。

任务 3.2　掌握控件的概念及基本操作

3.2.1　了解控件的基本概念

窗体和控件都是 VB 中的对象，它们是应用程序的"积木块"，共同构成用户界面。控件以图标的形式放在"工具箱"中，工具箱位于窗体的左侧。

控件在 VB 的程序设计过程中占据重要地位，因为它不仅提供一些事件过程供用户编写程序代码，完成程序各个流程应运行的工作，还能通过本身的属性设置影响到窗体操作的界面外观。

VB 的控件有以下三种广义分类。

（1）标准控件（也称内部控件）。在工具箱中，不能添加和删除。

（2）ActiveX 控件。

（3）可插入对象，这些对象能添加到工具箱中，可以把它们当做控件使用。

3.2.2　添加控件

VB 6.0 的工具箱在第 1 章中做过具体介绍，它提供了一组工具，用于可视化界面的设计。

将某一个控件添加到窗体中，有如下两种方法：

（1）在工具箱中，双击对应的控件图标，则相应的控件就自动添加到窗体的中心位置上。

（2）在工具箱中，单击对应的控件图标，然后将光标移动到窗体上，这时光标变为十字形状，按住鼠标左键，拖动鼠标到一定范围后，松开鼠标左键，则相应控件就被添加到窗体上。

如果一次性添加多个相同控件可以按下 **Ctrl** 键，并单击要添加的控件然后松开 **Ctrl** 键，这时就可以在窗体上连续画多个相同控件了。结束可以单击工具箱中的指针图标（或其他图标）。

3.2.3　调整控件

在把控件添加到窗体上后，在该控件的边框上有 8 个蓝色的小方块，这说明该控件是"活动"的，是可以调整的。我们对控件的调整都是针对活动控件进行的。因此，在对控件进行指定的相关操作时，都必须先把控件变成活动的控件。

当控件处于活动状态时，用鼠标拖动它边框上的 8 个小方块即可使控件在上、下、左、右及 4 个角的方向上放大或缩小。如果把鼠标光标移动到控件内，按住鼠标左键不放，然后拖动鼠标，就可以把控件拖动到窗体内的任何位置。

在窗体上选中一个控件后，按住 **Shift** 键，单击其他控件，这时便可以同时选中多个控件后，选择**格式→对齐**选项可以调整控件间的对齐方式；选择**格式→统一尺寸→高度相同**选项可以调整控件间的大小关系；选择**格式→水平间距→相同间距**选项可以调整控件间的水平间距；选择**格式→垂直间距→相同间距**选项可以调整控件间的垂直间距。

3.2.4　设置控件属性

在 VB 6.0 中，每个控件都有自己的属性，在这些属性中，有一部分属性是大部分控件都有的，而这些常用属性，与前文介绍的窗体属性类似，如 Name、BackColor、ForeColor、BorderStyle、Caption、Enabled、Height、Width、Left、Visible 等。下面介绍几个前面没有提到的属性。

1．Appearance 属性

作用：设置控件的外观效果。

说明：Appearance 属性有两个取值—— "0"或"1"，当取"0"时，外观为平面样式；当取"1"时，外观为三维样式。

2．FillColor 属性

作用：填充控件的颜色，可从弹出的调色板中选择。

3．FillStyle 属性

作用：主要针对窗体控件，窗体的填充样式，有以下 8 种情况可选。

0-全部填充。

1-透明，此为默认值。

2-水平直线。

3-竖直直线。

4-上斜对角线。

5-下斜对角线。

6-十字线。

7-交叉对角线。

4．Font 属性

作用：设置控件的字形，可在打开的对话框中选择字体、大小和风格。

任务 3.3 创建新的工程

（1）选择文件→新建工程选项，这时会打开**新建工程**对话框，如图 3-2 所示。

（2）在该对话框中选择标准 **EXE** 选项，单击**确定**按钮。这时 VB 6.0 集成环境将创建一个名为**工程 1** 的工程，并且在**窗体设计器**窗口中自动创建一个名为 **form** 的窗体文件。

（3）选择文件→保存工程选项，这时会打开**文件另存为**对话框，这时用户就可以在**文件名**文本框中输入**乘法计算器**，然后单击**保存**按钮，如图 3-3 所示。

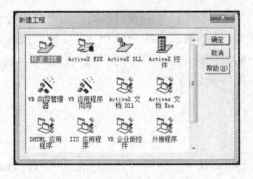

图 3-2　新建工程对话框　　　　　　图 3-3　文件另存为对话框

用户在编写程序时，要随时注意保存工程，以免出现意外情况。

任务 3.4 设计应用程序界面

在创建新的工程之后，要求设计应用程序界面。在 VB 6.0 应用程序设计中，设计应用程序界面是其中一个关键的工作，也是 VB 6.0 编程可视化的具体表现。

3.4.1 添加控件

1. 文本框控件

文本框控件是一个文本编辑区域，可在该区域输入、编辑和显示文本内容，在工具箱中的按钮为 abl 。利用文本框控件可以进行文字处理，如文本的插入和选择，长文本的滚动浏览，文本的剪贴等，除了前面介绍的基本属性外，文本框还有以下常用属性。

（1）**Alignment** 属性

作用：设置 Caption 属性文本的对齐方式，取值为：0——左对齐，1——右对齐，2——中间对齐。

（2）**MaxLength** 属性

作用：获得或设置文本属性中所能输入的最大字符数。如果输入的字符数超过 MaxLength 设定的数目，则系统将不接收超出部分，并且发出警告。

（3）**MultiLine 属性**

作用：设置文本框对象是否可以输入多行文字。取值为 True 或 False，当取值为 True 时，文本超过控件边界时，自动换行；当取值为 False 时，不能有多行。

需要注意的是，若该属性为 False，则文本框控件对象的 Alignment 属性无效。

2．标签控件

标签控件是用于显示文本信息，标示其他控件功能的控件，它的图标为 **A**。

（1）**AutoSize 属性**

作用：设置标签控件的大小是否随标题内容的大小自动调整，取值为 True 或者 False。当取值为 True 时，说明标签控件的大小可以自动调整；当取值为 False 时，说明标签控件的大小不可以自动调整。

（2）**BackStyle 属性**

作用：设置控件的背景样式，取值为 0 时则是 Transparent（透明）的；为 1 时则是 Opaque（不透明）的。

3．命令按钮控件

命令按钮控件用于控制程序的进程，即控制过程的启动、中断或结束，工具箱中的图标为 ▦。

（1）**Cancel 属性**

作用：用于设定默认的取消按钮（指出命令按钮是否为窗体的取消按钮）。取值为 True 时，不管窗体上的哪个控件有焦点，按 **Esc** 键后，就相当于单击该默认按钮；取值为 False 时则相反。

（2）**Default 属性**

作用：设置该命令按钮是否为窗体默认的按钮。取值为 True 时，说明用户按 **Enter** 键，就相当于单击该默认按钮；取值为 False 时则相反。

4．具体操作步骤

（1）在工具箱中，单击**标签**控件的图标 **A**，然后把鼠标光标移动到窗体上，这时光标变成十字形状，拖动鼠标可以绘制出标签的外框，在合适的位置按下鼠标左键，并拖动鼠标，此时标签对象的大小就是虚线框的大小。当标签对象的大小合适时，释放鼠标，这时窗体上就会在虚线框的位置出现一个标签，自动命名为 **Label1**。

（2）按照步骤（1）的方法，在窗体上再添加两个**标签**控件。

（3）按照步骤（1）的方法，在窗体上添加 3 个**文本框**控件。

（4）按照步骤（1）的方法，在窗体上添加 3 个**命令按钮**控件。这时乘法计算器的初始界面就基本完成了，如图 3-4 所示。

VB 6.0 允许对已经添加的控件进行**复制、粘贴和删除**，具体操作步骤如下：

（1）单击需要复制的控件；

（2）选择**编辑→复制**选项；

（3）选择**编辑→粘贴**选项，屏幕上将打开一

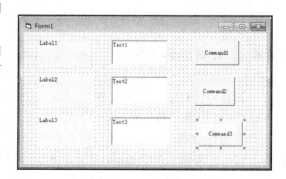

图 3-4　乘法计算器初始界面

个对话框，询问是否要建立控件数组，单击否按钮后，即可把该控件复制到窗体的左上角。

3.4.2 编辑调整控件

图 3-4 所示的界面并不是很美观，现在我们就来调整一下控件布局，美化界面。在调整控件时，要综合应用**格式**菜单中的各个子菜单中的选项，而且只有在选中多个控件时才可以使用。其具体操作步骤如下：

（1）单击 **label1** 控件，这时 **label1** 控件周围就出现了 8 个小方块，说明这个控件已经变成了活动控件，将鼠标光标移动到小方块上，此时鼠标光标形状就变为双箭头，表示此时可以改变控件的大小，按住鼠标左键并拖动，这时会出现一个虚线框，这个虚线框与创建控件时的虚线框相同，将控件拖动到合适的大小和位置后，松开鼠标左键即可以改变控件的大小。

（2）选中 **label1** 控件，按住 **Shift** 键，然后单击 **label2** 和 **label3**，这时即可以选中这组标签控件。在这组控件被选中后，不是所有的控件周围的小方块都是蓝色的，只是最后一个被选中的 **label3** 控件是蓝色的，其他控件周围都是白色的小方块。这个最后被选中的 **label3** 控件被称为基准控件，要调整 3 个标签控件的大小及位置，就要以这个基准控件为标准。

（3）选择**格式→统一尺寸→两者都相同**选项，这时 3 个标签会自动调整为与 **label3** 大小相同的尺寸。

（4）选择**格式→对齐→居中对齐**选项，这时 3 个标签就会自动居中对齐。

（5）选择**格式→垂直间距→相同间距**选项，这时 3 个标签的垂直方向的间距就会调整至相同。

（6）按照步骤（1）的办法，调整 **command1** 到合适大小。

（7）按照步骤（2）～步骤（5）的办法，调整 **command1**、**command2** 和 **command3** 的布局。

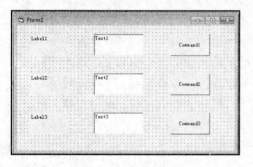

图 3-5 调整后的界面

（8）按照步骤（1）的办法，调整 **text1** 到合适大小。

（9）按照步骤（2）～步骤（5）的办法，调整 **text1**、**text2** 和 **text3** 的布局。

（10）选择 **text1**、**label1**、**command1** 3 个控件，并以 **label1** 为基准，按照步骤（4）和步骤（5）的办法，调整这 3 个控件水平方向的位置。

（11）按照步骤（4）和步骤（5）的办法，调整其他控件水平方向的位置。完成后的界面如图 3-5 所示。

3.4.3 设置控件属性

调整完控件的布局和位置后，乘法计算器的界面已经初步形成，但是有些地方还不够"人性化"，如**命令**按钮上的字体大小、颜色、位置等，这些设置都需要通过属性设置来完成。其具体操作步骤如下：

（1）在窗体上选中 **label1** 控件，然后单击**属性**窗口的 **Alignment** 属性，然后单击右端的下拉按钮，打开下拉列表框，选择 **2-Center** 选项。

（2）单击**属性**窗口的 **Autosize** 属性，然后单击右端的下拉按钮，打开下拉列表，选择 **true** 选项。

（3）单击**属性**窗口的 **Caption** 属性，然后单击 **Caption** 右边一栏，删除 **label1**，再输入**被乘数**。

（4）单击**属性**窗口的 **Font** 属性，单击 **Font** 属性的**字体**对话框，如图 3-6 所示，在**字体**对话框中调整字形、大小。

（5）选中 **Text1** 控件，在**属性**窗口中选择 **Backcolor** 属性，在属性值框中单击右边的下拉按钮，这时出现一个颜色列表，单击**调色板**对话框按钮，颜色列表变为调色板。这时就可以把文本框中的文字背景颜色设置为想要的颜色。

（6）选中 **Text1** 控件，在**属性**窗口中选择 **Fontcolor** 属性，按照步骤（5）的方法设置文本框中字体的前景色。

（7）根据步骤（1）～步骤（6）设置其余控件的 **Font**、**Backcolor**、**Fontcolor**、**Caption** 等相关属性，最后的设置结果如图 3-7 所示。

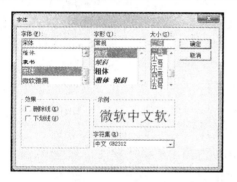

图 3-6　**字体**对话框

图 3-7　乘法计算器最后界面

具体的对象属性设置如表 3-1 所示。

表 3-1　任务二的对象属性设置

对　象	属　性	设　置	对　象	属　性	设　置
窗体	Caption	乘法计算器	标签 2	Caption	乘数
	（名称）	Form1		（名称）	Label2
命令按钮 1	Caption	乘法	标签 3	Caption	结果
	（名称）	Cmdcheng		（名称）	Label3
命令按钮 2	Caption	清除	文本框 1	（名称）	Text1
	（名称）	Cmdclear		text	
命令按钮 3	Caption	关闭	文本框 2	（名称）	Text2
	（名称）	Cmdclose		text	
标签 1	Caption	被乘数	文本框 3	（名称）	Text3
	（名称）	Label1		text	

任务 3.5　编写应用程序代码

3.5.1　掌握添加代码方法

VB 6.0 中，语句是执行具体操作的指令，每个语句以 Enter 键结束，它会按规则对语句进行简单的格式化处理，例如，首字母的大写：在输入语句时，方法、函数等可以不必区分大小写，如在输入"Print"时，无论输入的是"print"还是"PRINT"，当按 **Enter** 键后都会变成"Print"。在使用 VB 6.0 编写程序时，最好是一行中只写一条语句，如果一条语句太长，需要用续行符"_"把一个长句分成若干行来存放。

下面先来介绍程序代码的添加方法。编写程序代码要在**程序代码**窗口中进行，当进入主程序界面时，首先看见的是窗体窗口，这时有 3 种方法可以打开代码窗口：

（1）双击当前窗体（双击一个控件也可进入该控件所对应的代码窗口）。

（2）单击工程窗口中的**查看代码**按钮。

（3）选择**视图→代码窗口**选项。

进入窗体后，屏幕上打开与该窗体对应的代码窗口。代码窗口的标题栏中显示工程的名称，

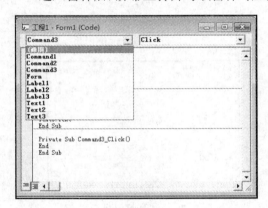

图 3-8　代码窗口

代码窗口分为对象框和过程框两个部分。代码窗口左边是**对象**下拉列表框，它包含所有与当前窗体相联系的对象。假设是双击窗体后进入代码窗口，这时**对象**下拉列表框中显示的就是 Form。如果要对其他对象进行编码，应单击其右侧下拉按钮以打开下拉列表框，其中列出了本窗体用到的所有对象，可以单击任一个对象，如图 3-8 所示。

代码窗口右边是**过程**下拉列表框，包含与当前选中的对象相关的所有事件，单击右侧下拉按钮，可以打开一个下拉列表框，单击所需的事件名，即可以对刚才所选择的对象和事件进行编码。

3.5.2　编写应用程序

在上面的任务中，我们已经把本项目的界面设计好了，但是界面中的按钮还是不可用的，这是因为现在的程序只是一个空的框架，没有指令来驱动它，下面就要为其加入指令，编写按钮事件的驱动代码。

（1）在**工程管理器**窗口中双击 **Form1**，在**窗体设计器**窗口中出现**乘法计算器**的主界面。

（2）在**乘法计算器**主界面中双击 **cmdcheng** 按钮，屏幕上会打开**代码编辑器**窗口，并且鼠标光标会在命令按钮的单击事件 **Click** 内跳动，这时就可以在光标跳动的地方为 command 1 添加驱动代码：

```
Private Sub cmdcheng_Click()
    a = Val(Text1.Text)
    b = Val(Text2.Text)
    c = a * b
    Text3.Text = c
End Sub
```

当打开代码窗口时，系统就会自动添加过程头和过程尾，只需要在其中添加自己的代码；当通过键盘输入对象名和编号并按下"."时，这时会打开一个下拉列表框，可以从中选择需

要的属性。

（3）命令按钮 **cmdclear** 的单击事件编写如下代码：

```
Private Sub cmdclear _Click()
    Text1.Text = ""
    Text2.Text = ""
    Text3.Text = ""
End Sub
```

（4）命令按钮 **cmdclose** 的单击事件编写如下代码：

```
Private Sub cmdclose _Click()
    End
End Sub
```

（5）单击工具栏中的**启动**按钮或直接按 **F5** 键，运行**乘法计算器**并执行相关的操作。

（6）保存工程。

项目拓展　编写文本显示器应用程序

编写一个文本显示器应用程序，界面设计如图 3-9 所示。当单击**显示**按钮时，在文本框中显示"我是文本显示器"；单击**清除**按钮时，清除文本框中的内容；单击**退出**按钮时，退出程序。

（1）新建一个工程，命名为**文本显示器**。

（2）向窗体添加 3 个**命令按钮**控件和 1 个**文本框**控件。

（3）编辑**命令按钮**控件和**文本框**控件。

（4）设置**命令按钮**控件和**文本框**控件的相关属性；将**命令按钮**控件的 **Caption** 属性分别设置为**显示**、**清除**和**退出**。

图 3-9　项目拓展运行界面

（5）编写应用程序代码。

显示按钮的代码如下：

```
Private Sub Command1_Click()
    Text1.Text = "我是文本显示器"
End Sub
```

清除按钮的代码如下：

```
Private Sub Command2_Click()
    Text1.Text = ""
End Sub
```

退出按钮的代码如下：

```
Private Sub Command3_Click()
     End
End Sub
```

（6）运行应用程序，并执行相关操作。

（7）保存工程。

知识拓展

现今世界上流行的 GUI 根据架构主要分为 3 类，即 UNIX 架构、ARM 架构与 A-架构，各自成员如下：

（1）UNIX 架构：Xerox OS （未公开，第一代 GUI）、Mac OS（第二代 GUI，部分功能基于 Xerox OS，代码完全重写，增加了许多功能）、Windows NT（第三代 GUI，基于 Mac OS，现已解放）、Linux （第三代中期 GUI，开源软件，具有很多扩展版本，各有特色）。

（2）ARM 架构：Windows CE、Windows Mobile/Phone、Sysbian S Series、Android。

（3）A-架构：OMS（iOS 的前身）iOS、OS X Phone Edition（Mountain Lion）、OS X America Cat（ME Mobile Edition）。

课后练习与指导

一、选择题

1. 下列控件中没有 Caption 属性的是（   ）。

    A. 标签　　　　　　　　B. 文本框　　　　　C. 框架　　　　　　D. 命令按钮

2. 若要求从文本框中输入密码时在文本框中只显示"*"号，则应在此文本框的属性窗口中设置（   ）。

    A. Text 属性值为*　　　　　　　　　　　　B. Caption 属性值为*

    C. Password 属性值为空　　　　　　　　　D. PasswordChar 属性值为*

3. 将命令按钮 Command1 设置为不可见，应修改该命令按钮的属性（   ）。

    A. Visible　　　　　　B. Value　　　　　　C. Caption　　　　D. Enabled

4. 在窗体 Form1 的 Click 事件过程中有以下语句：

```
Label1.Caption="Visual Basic"
```

若执行本语句之前,标签控件的 Caption 属性为默认值,则标签控件的 Name 属性和 Caption 属性在执行本语句之前的值分别为（   ）。

    A. "Label"、"Label"　　　　　　　　　　B. "Label1"、"Visual Basic"

    C. "Label1"、"Label1"　　　　　　　　　D. "Caption"、"Label"

5. 命令按钮控件 Command 快捷键的设置通过（   ）字符实现。

    A. @　　　　　　　B. $　　　　　　　　C. #　　　　　　　D. &

6. 决定标签内显示内容的属性是（   ）。

    A．Text　　　　　　B．Name　　　　　　C．Alignment　　　　D．Caption

7．为了使标签具有"透明"的显示效果，需要设置的属性是（　　）。

    A．Caption　　　　　B．Alignment　　　　C．BackStyle　　　　D．AutoSize

8．窗体 Form1 上有一个名称为 Command1 的命令按钮，以下对应窗体单击事件的事件过程是（　　）。

    A．Private Sub Form1_Click()　　　　　　B．Private Sub Form_Click()

      …　　　　　　　　　　　　　　　　　　　…

      End Sub　　　　　　　　　　　　　　　End Sub

    C．Private Sub Command1_Click()　　　　D．Private Sub Command_Click()

      …　　　　　　　　　　　　　　　　　　　…

      End Sub　　　　　　　　　　　　　　　End Sub

二、实践题

1．在窗体上放一个按钮和两个文本框，执行程序，在第一个文本框中输入一个数 n，单击**计算**按钮，在另外一个文本框中显示 1！+2！+3！+…+n!的结果，运行界面如图 3-10 所示。

2．编写程序解一元二次方程，运行界面如图 3-11 所示。在前 3 个文本框中输入系数 a、b、c，单击**解方程**按钮，在另外两个文本框中显示结果。如果在实数范围内无解，则打印在窗体上。

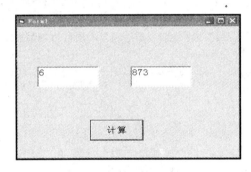

图 3-10　运行界面

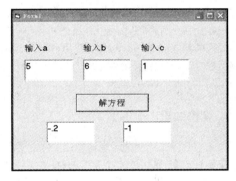

图 3-11　一元二次方程运行界面

选择控件——设计字体显示器

你知道吗?

在 DOS 等非图形化的操作界面下,无论对于程序的开发者来说,还是对于程序的使用者来说,选择某一选项或勾选多个选项都是很复杂的。对于使用者,如今比较通用的方式是在键盘上输入对应的数字或字母后,按 Enter 键进行选择与确认操作,而为了完成以上类似图形界面下的选择功能,需要程序开发者编写大量代码与脚本来实现。

应用场景

在应用程序中,经常需要使某些对象的状态更改到某几种情况之一(或其中几个)。为实现上述功能,既可以让用户使用菜单项中弹出的对话框,又可以让用户在程序运行过程中直接勾选窗体上的控件。为统一管理功能相关的多个控件,使用框架对其进行整合可增强程序的灵活性与易维护性。本项目将编写多个应用程序,以熟悉通用对话框、选择控件、框架功能的使用方法。

背景知识

在 VB 中,复选框、单选按钮控件主要作为选项提供给用户选择。不同的是,在一组复选框中,可以同时选择多个选项;一组单选按钮每次只能在其中选择一个选项。框架通常用于对多组单选按钮进行分组。通用对话框中有打开、保存、字体、颜色、打印、帮助 6 种对话框,为程序员设计这些常用对话框提供了便利。

设计思路

设计**字体显示器**。程序界面如图 4-1 所示,该程序能够改变字体样式、颜色以及字体的大小。为了丰富字体颜色和字体样式,将字体显示器的功能进一步增强,单击**更多字体**按钮,打开如图 4-2 所示的**字体**对话框,从中可以选择各种不同的字体样式;单击**更多颜色**按钮,打开如图 4-3 所示的**颜色**对话框,从中可以选择自己喜欢的颜色。

图 4-1　程序运行界面

图 4-2　字体对话框

图 4-3　颜色对话框

任务 4.1 掌握应用程序用到的标准控件

4.1.1 掌握复选框基本概念及操作

1. 复选框

在应用程序的用户界面上,如果一个控件存在两种状态,要求用户从两种状态中选其一(如"是否使用大写字母"等),这种控件就是 VB 6.0 提供的**复选框**(CheckBox),又称**检查框**。

它有如下两种状态可以选择:选中(复选框中出现一个✓标志)。不选(✓标志消失)。

如果有多个复选框,用户可以任意选择它们的组合,每个复选框都是独立的、互不影响。

2. 复选框的常用属性和事件

(1)Value 属性

复选框控件的 Value 属性指示复选框处于选中、未选中或禁止状态(暗淡的)中的哪一种。选中时,Value 设置值为 1。

(2)Click 事件

无论何时单击复选框控件都将触发 Click 事件,然后编写应用程序,根据复选框的状态执行某些操作。如果试图双击复选框控件,则将双击当做两次单击,而且分别处理每次单击,即复选框控件不支持双击事件。

4.1.2 掌握单选按钮基本概念及操作

1. 单选按钮

有时,应用程序要求在一组(几个)方案中只能选择其中之一,这就要用到**单选按钮**(Option Button)控件。如果有一组(多个)单选按钮,VB 6.0 规定一次只能选择其中之一,当选中某一单选按钮时,该框出现一个黑点(表示选中),同时其他单选按钮中的黑点消失,表示关闭(不选)。一组单选按钮是相互排斥的,这是单选按钮与复选框的主要区别,也是单选按钮名称的由来。

如果把单选按钮分别添加到窗体和窗体上的一个框架控件中或两个不同的框架中,则相当于创建两组不同的单选按钮。

2. 单选按钮常用的事件和属性

(1)Click 事件

选中单选按钮时将触发其 Click 事件。是否有必要响应此事件,这将取决于应用程序的功能。

(2)Value 属性

单选按钮的 Value 属性指出是否选中了此按钮。选中时,数值将变为 True。要在单选按钮组中设置默认单选按钮,可在设计时将其 Value 属性设置为 True。它将保持为被选中状态,直到用户选择另一个按钮或用代码改变它。

（3）Enabled 属性

要禁用单选按钮，将其 Enabled 属性设置为 False。程序运行时，若此单选按钮显示模糊，则表示无法选中此单选按钮。

（4）Caption 属性

Caption 属性可以为单选按钮创建访问键快捷方式，这只要在作为访问键的字母前添加一个连字符**&**即可。

4.1.3　掌握框架基本概念及操作

和窗体一样，VB 6.0 提供的**框架**（Frame）可以作为一种容器类控件，可以向框架中添加其他控件，具体的添加方法如下：先在工具箱中单击控件图标，然后在框架上按住鼠标左键，拖动鼠标，便可以向框架中添加控件。如果按住鼠标左键的位置不在框架上，则向窗体中添加控件。

向框架中添加控件之后，框架中的控件随着框架的移动而移动，如果框架被删除，则框架中的控件也被删除。但是，如果将已经存在的控件移动到框架上，则此控件不会和框架一起移动。

可以使用框架按对象性质将单选按钮分成几组，就可以在不同的组里同时选择几个单选按钮，以增强程序的灵活性。

4.1.4　掌握通用对话框基本概念

在 VB 6.0 中，**对话框**是一种特殊的窗体，可以与用户进行交互，获取用户的输入信息或向用户提示有关信息。预定义对话框、自定义对话框和通用对话框是 VB 6.0 中最基本的 3 种对话框，前两种对话框的创建过程和调用方法将在其他项目中介绍，本项目主要学习通用对话框的创建过程和调用方法。

VB 6.0 向用户提供了**打开、保存、字体、颜色、打印、帮助**共 6 种类型通用对话框，由于这 6 种对话框的调用都是通过**通用对话框**控件来实现的，因此，通用对话框的属性设置与所代表的对话框的类型有关，其操作将在编写应用程序时具体介绍。

任务 4.2　创建用户界面

该任务是将所需的控件添加到窗体中，建立可视化用户界面。

4.2.1　添加基本控件

（1）新建一个工程，将窗体的 **Caption** 属性设置为**字体显示器**。

（2）向窗体中添加 3 个**框架**控件和 1 个**文本框**控件，并调整控件的大小及位置。

（3）在控件工具箱中，单击**复选框**控件的图标，然后将鼠标光标移动到框架 **Frame1** 中，按住鼠标左键，在框架上拖动鼠标，并在适当的位置松开鼠标左键，完成向 **Frame1** 中添加**复选框**控件的动作。

向框架中添加**单选按钮**控件或**复选框**控件时，按下鼠标的位置不要超出框架的范围，且单选按钮或复选框不要超出框架的范围。

（4）按照步骤（3）的方法向框架 **Frame1** 中再添加 2 个**复选框**控件。

（5）在控件工具箱中，单击**单选按钮**控件的图标，然后将鼠标光标移动到框架 **Frame2** 中，按住鼠标左键，在框架上拖动鼠标，并在适当位置松开鼠标左键，完成向框架 **Frame2** 中添加**单选按钮**控件的动作。

（6）按照步骤（5）的方法向框架 **Frame2** 中再添加 2 个**单选按钮**控件。

（7）按照步骤（5）的方法向框架 **Frame3** 中添加 3 个**单选按钮**控件。

（8）向框架 **Frame2** 中添加 1 个**命令按钮**控件。

（9）向框架 **Frame3** 中添加 1 个**命令按钮**控件。

（10）调整控件的大小及位置，完成的界面如图 4-4 所示。

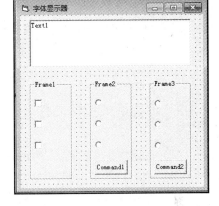

图 4-4　设计界面

4.2.2　添加通用对话框控件

VB 提供了**通用对话框**（Common Dialog Box）控件，在默认情况下，通用对话框控件不是常用控件，因此不在工具箱中。在使用通用对话框之前，应先将其添加到工具箱中。

（1）选择**工程→部件**选项，打开如图 4-5 所示的**部件**对话框。

（2）在**控件**选项卡中，拖动其列表框右端的滚动条，选中 **Microsoft Common Dialog Control 6.0** 复选框。

（3）单击**确定**按钮，关闭**部件**对话框，工具箱中就会添加**通用对话框**控件的图标。

（4）在工具箱中双击**部件**对话框，向窗体中添加**通用对话框**控件，如图 4-6 所示。

通用对话框控件在界面中的摆放位置是任意的，因为程序运行以后，在窗体中不显示该控件的图标。

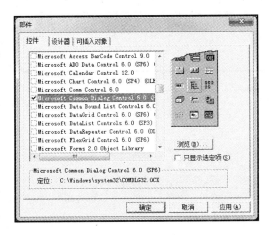

图 4-5　**部件**对话框

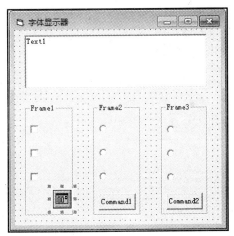

图 4-6　添加通用对话框

任务4.3 设置界面属性

4.3.1 设置文本框控件属性

（1）在窗体中单击文本框控件，将名称属性设为 **Txt**。
（2）将 **MultiLine** 属性设为 **True**。
（3）将 **ScrollBars** 属性设为 **2-Vertical**。
（4）选择 **Text** 属性，然后删除其右端的 **Text1**。

4.3.2 设置框架控件属性

（1）在窗体上单击框架 **Frame1**，然后将 **Caption** 属性设为字形。
（2）按照步骤（1）的方法，分别将框架 **Frame2**、**Frame3** 的 **Caption** 属性设为字体、颜色。
除了 **Caption** 和 **Font** 等属性外，框架控件还有 **BorderStyle** 属性，其功能及说明如下。
功能：返回或设置标签控件的边框样式。
说明：BorderStyle 属性有两个取值 "0" 或 "1"。BorderStyle 属性取值为 "0" 时（默认值），表示框架控件无边框；BorderStyle 属性取值为 "1" 时，表示框架控件有固定的单线边框。
由于框架控件主要起标识分组的作用，在设计程序时，很少为其添加事件。

4.3.3 设置单选按钮、复选框和命令按钮控件属性

（1）在窗体上单击 **Check1** 复选框，然后将名称属性设为 **ChkStyle1**，**Caption** 属性设为粗体，**Value** 属性设为 **1-Checked**。
（2）按步骤（1）的方法，参照表 4-1 设置其余控件的属性。设置完成的窗体如图 4-7 所示。

表 4-1 控件属性

控　件	"名称"属性	"Caption"属性	"Value"属性
Check1	ChkStyle1	粗体	1-Checked
Check2	ChkStyle2	斜体	0-Unchecked
Check3	ChkStyle3	下划线	0-Unchecked
Option1	OptFont1	宋体	True
Option2	OptFont2	隶书	False
Option3	OptFont3	楷体	False
Option4	OptColor1	蓝色	True
Option5	OptColor2	红色	False
Option6	OptColor3	绿色	False
Command1	CmdFont	更多字体	
Command2	CmdColor	更多颜色	

图 4-7　最终设计界面

　　单选按钮和**复选框**常成组出现，用来向用户提供选择。在一组单选按钮控件中，用户只能单击其中的一个单选按钮，但在一组复选框控件中，用户可以同时选中多个复选框。

任务 4.4　编写事件代码

4.4.1　为单选按钮和复选框编写事件代码

　　单选按钮和**复选框**最常用的事件是单击事件。

　　（1）编写 **Form1_Load** 事件代码，初始化文本框字体。

```
Private Sub Form_Load()
    Txt.FontBold = True
    Txt.FontName = "宋体"
    Txt.ForeColor = vbBlue
End Sub
```

这几行代码设置文本框的字体为粗体、蓝色、宋体。

　　（2）编写 **ChkStyle1_Click** 事件代码，确定文本框的字体是否为粗体。

```
Private Sub ChkStyle1_Click()
    If ChkStyle1.Value = 1 Then
    Txt.FontBold = True
    Else
    Txt.FontBold = False
    End If
End Sub
```

　　如果**粗体**复选框被选中，也就是该复选框的 **Value** 属性为 1，将文本框的字体设为粗体；否则，说明**粗体**复选框未被选中，不将文本框的字体设为粗体。

　　（3）编写 **ChkStyle2_Click** 事件代码，确定文本框字体是否为斜体。

```
Private Sub ChkStyle2_Click()
    If ChkStyle2.Value = 1 Then
```

```
        Txt.FontItalic = True
        Else
        Txt.FontItalic = False
        End If
    End Sub
```

如果**斜体**复选框被选中，也就是该复选框的 **Value** 属性为 1，将文本框的字体设为斜体；否则，说明**斜体**复选框未被选中，不将文本框的字体设为斜体。

（4）编写 **ChkStyle3_Click** 事件代码，确定文本框字体是否有下划线。

```
Private Sub ChkStyle3_Click()
    If ChkStyle3.Value = 1 Then
    Txt.FontUnderline = True
    Else
    Txt.FontUnderline = False
    End If
End Sub
```

如果**下划线**复选框被选中，也就是该复选框的 **Value** 属性为 1，为文本框的字体添加下划线；否则，说明**下划线**复选框未被选中，不为文本框的字体添加下划线。

（5）编写 **OptFont1_Click** 事件代码，将文本框字体设为宋体。

```
Private Sub OptFont1_Click()
    Txt.FontName = "宋体"
End Sub
```

（6）编写 **OptFont2_Click** 事件代码，将文本框的字体设为隶书。

```
Private Sub OptFont2_Click()
    Txt.FontName = "隶书"
End Sub
```

（7）编写 **OptFont3_Click** 事件代码，将文本框的字体设为楷体。

```
Private Sub OptFont3_Click()
    Txt.FontName = "楷体_GB2312"
End Sub
```

（8）编写 **OptColor1_Click** 事件代码，将文本框的字体颜色设为蓝色。

```
Private Sub OptColor1_Click()
    Txt.ForeColor = vbBlue
End Sub
```

（9）编写 **OptColor2_Click** 事件代码，将文本框的字体颜色设为红色。

```
Private Sub OptColor2_Click()
    Txt.ForeColor = vbRed
End Sub
```

62

（10）编写 **OptColor3_Click** 事件代码，将文本框的字体颜色设为绿色。

```
Private Sub OptColor3_Click()
    Txt.ForeColor = vbGreen
End Sub
```

4.4.2　实现通用对话框的调用

通用对话框可以提供 6 种不同形式的对话框。在显示出具体的对话框之前，应通过设置 **Action** 属性或调用 **Show** 方法来选择对话框的类型，如表 4-2 所示。

表 4-2　通用对话框的 6 种形式

对话框类型	"Action" 属性	方　法
打开(Open)	1	ShowOpen
保存（Save）	2	ShowSave
颜色（Color）	3	ShowColor
字体（Font）	4	ShowFont
打印（Print）	5	ShowPrinter
帮助（Help）	6	ShowHelp

通用对话框的默认名称为 CommonDialog1、CommonDialog2…对话框的类型不是在设计阶段设置的，而是在程序运行时设置的。例如：CommonDialog1.Action=1 或 CommonDialog1.ShowOpen 就指定了对话框 CommonDialog1 为打开类型。

本任务重点介绍本项目中用到的**颜色**和**字体**对话框，其他对话框在项目拓展中讲解。

1. 颜色对话框

颜色对话框是 VB 6.0 中比较重要的一种通用对话框，可以由用户自己选择颜色，设置**颜色**对话框的格式如下：

```
通用对话框名.Action=3 或
通用对话框名.ShowColor
```

在**颜色**对话框中选中的颜色，由**通用对话框**控件的 **Color** 属性返回，如图 4-3 所示。另外，**颜色**对话框的样式还与通用对话框的 **Flags** 属性有关，具体说明如表 4-3 所示。

表 4-3　颜色对话框的 Flags 属性

Flags 属性值	说　明	"Flags" 属性值	说　明
1	使规定自定义颜色按钮可用	4	使规定自定义颜色按钮无效
2	显示全部对话框，包括自定义颜色部分	8	在对话框上显示**帮助**按钮

设置 Flags 属性值的格式如下：

```
通用对话框名.Flags=属性值
```

2. 字体对话框

字体对话框也是常用的对话框之一，将**通用对话框**控件设置为**字体**对话框的格式如下：

通用对话框名. Action=4 或
通用对话框名. ShowFont

但在用 **ShowFont** 方法显示**字体**对话框之前，必须先设置**通用对话框控件**的 **Flags** 属性，否则会出现不存在字体的错误。表 4-4 是几种常用的 Flags 属性值。

表 4-4 "字体"对话框的 Flags 属性

"Flags"属性值	说　明
1	只显示屏幕显示的字体
2	列出打印机和屏幕字体
4	显示帮助按钮

字体对话框的常用属性如表 4-5 所示。

表 4-5　与"字体"对话框有关的属性

属　性	说　明	属　性	说　明
FontName	返回被选择字体的名称	FontBold	确定是否选择粗体
FontSize	返回被选择字体的大小	FontItalic	确定是否选择斜体

3. 事件代码

（1）编写 **CmdFont_Click** 事件代码，打开**字体**对话框。

```
Private Sub CmdFont_Click()
    CommonDialog1.Flags = 2
    CommonDialog1.ShowFont
    Txt.FontName = CommonDialog1.FontName
    Txt.FontSize = CommonDialog1.FontSize
End Sub
```

CommonDialog1 是系统分配给**通用对话框控件**的名称。第一行将**通用对话框**的 **Flags** 属性设为 2；第二行通过 **ShowFont** 方法打开**字体**对话框；第三、四行的作用是使文本框的字体和大小与用户在**字体**对话框中选择的一致。

注意：运行时，在打开的**字体**对话框中必须选择字体名称。

（2）编写 **CmdFont_Click** 事件代码，打开**颜色**对话框。

```
Private Sub CmdColor_Click()
    CommonDialog1.Flags = 1
    CommonDialog1.ShowColor
    Txt.ForeColor = CommonDialog1.Color
End Sub
```

第一行将**通用对话框**的 **Flags** 属性设为 1；第二行通过 **ShowColor** 方法打开**颜色**对话框；第三行的作用是使文本框字体的颜色与用户在**颜色**对话框中选择的颜色一致。

本项目在代码中设置**通用对话框控件**的属性，除此以外，还可以在**通用对话框控件**的属性页中设置（将在后面的项目拓展中介绍）。

任务 4.5　使用控件数组来设计"字体显示器"

窗体中包含一组**单选按钮**和一组**复选框**，如图 4-8 所示。单选按钮包括普通、粗体、斜体和粗斜体 4 种。复选框提供对删除线和下划线的修饰效果的选项。在文本框中输入文字后，**选择字形和效果**，文本框中的文字将按选项进行设置。要求单选按钮和复选框均为控件数组。

图 4-8　程序运行界面

4.5.1　了解控件数组

在前面的项目中，我们使用的**单选按钮**和**复选框**都是独立的控件。如果一个窗体中有多个相同类型的控件，且有着相同的操作，则可以使用**控件数组**来处理。

类似于高级语言中的数组结构，控件数组是把多个控件作为一个整体来处理的。控件数组中的每个元素都是相同类型的控件，如 Label1（0）、Label1（1）、Label1（2）等都是标签控件。控件数组中的对象具有相同的对象名，如 Label1，不同的对象通过下标予以区别。控件数组中的对象共享相同的事件过程。下面通过任务说明控件数组的建立和使用方法。

4.5.2　创建用户界面

该任务是将所需的控件添加到窗体中，建立可视化用户界面。

1．添加基本控件

分别向窗体添加 1 个**文本框**、2 个**框架**和 1 个**命令按钮**。

2．添加单选按钮数组控件

建立控件数组有下述两种方法。下面以单选按钮为例来具体说明。

（1）在设计时为相同类型的多个控件设置相同的 **Name** 属性。具体操作步骤如下：

① 在**框架 1** 中添加**单选按钮 1** 时，系统给出默认的 **Name** 属性的值为 **Option1**。

② 添加**单选按钮 2**，系统给出默认的 **Name** 属性的值为 **Option2**。

③ 在属性下拉列表框中将 **Option2** 的 **Name** 属性值改为 **Option1**，然后单击窗体（表示属性值设置结束），此时屏幕上会打开一个消息框，显示两行文字：**已经有一个控件为**

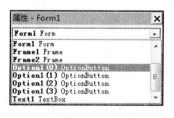

图 4-9　数组控件的属性窗口

'Option1'。创建一个控件数组吗？。单击是按钮，表示要建立一个名为 **Option1** 的单选按钮控件数组。此时，如果单击属性表的对象框右端的下拉按钮，从其下拉列表框中可以看到原来的 **Option2** 已变成 **Option1(1)**。此时，**Option1** 控件数组中已有两个元素，即 **Option1(0)** 和 **Option1(1)**。

④ 按以上方法继续添加 **Option1(2)** 和 **Option1(3)**。这样，就建立了一个控件数组 Option1，其中包含 4 个下标为 0～3 的单选按钮，如图 4-9 所示。

（2）在设计时先在窗体中添加一个单选按钮控件，然后右击该控件，在弹出的快捷菜单中选择**复制**选项，再单击窗体，在弹出的快捷菜单中选择**粘贴**选项，当打开是否创建控件数组的提示对话框时，单击**是**按钮，则建立控件数组。

3．添加复选框数组控件

按照同样的方法，在**框架 2**中建立复选框控件数组 **Check1**，里面包含两个元素 **Check1(0)**和 **Check1(1)**。设计界面如图 4-10 所示。

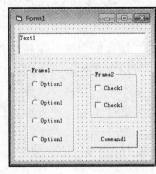

图 4-10 设计界面

4.5.3 设置界面属性

按照表 4-6 设置控件属性。

表 4-6 控件属性

控 件	"名称"属性	"Index"属性	"Text" / "Caption"属性
窗体	Form1		数组控件
文本框	Text1		
框架 1	Frame1		字形
框架 2	Frame2		效果
命令按钮	CmdEnd		退出
单选按钮 1	Option1	0	普通
单选按钮 2	Option1	1	粗体
单选按钮 3	Option1	2	斜体
单选按钮 4	Option1	3	粗斜体
复选框 1	Check1	0	删除线
复选框 2	Check1	1	下划线

单选按钮控件数组中 4 个元素的**名称**都是 **Option1**，复选框控件数组中的 2 个元素的**名称**都是 **Check1**。

其中的 **Index** 属性值就是控件数组的下标值，程序就利用 **Index** 值来区分控件数组中的每个元素。例如，**Option1(0)**对应于第一个单选按钮，**Option1(1)**对应于第二个单选按钮，**Check1(0)**对应于第一个复选框，以此类推。

4.5.4 编写事件代码

（1）编写 **Option1_Click** 事件代码，实现字形的选择。

```
Private Sub Option1_Click(Index As Integer)
Select Case Index
    Case 0
        Text1.FontBold = False
        Text1.FontItalic = False
```

```
        Case 1
            Text1.FontBold = True
            Text1.FontItalic = False
        Case 2
            Text1.FontItalic = True
            Text1.FontBold = False
        Case 3
            Text1.FontBold = True
            Text1.FontItalic = True
    End Select
End Sub
```

控件数组是一个整体，具有相同的名称 **Option1**。在本例中，Option1 控件数组的各个数组元素响应同一个 **Click** 事件。只要单击任何一个单选按钮（即 Option1 控件数组中的任一个元素），就会触发 Option1_Click 事件。程序会根据 Index 的值判断是哪个单选按钮被选中，以确定执行对应的分支。

（2）编写 **Check1_Click** 事件代码，实现效果的选择。

```
Private Sub Check1_Click(Index As Integer)
Select Case Index
    Case 0
        If Check1(0).Value = 1 Then
        Text1.FontStrikethru = True
    Else
        Text1.FontStrikethru = False
    End If
    Case 1
        If Check1(1).Value = 1 Then
        Text1.FontUnderline = True
    Else
        Text1.FontUnderline = False
    End If
End Select
End Sub
```

FontStrikethru 和 **FontUnderline** 分别为字体的删除线和下划线属性。

（3）编写 **CmdEnd_Click** 事件代码。

```
Private Sub CmdEnd_Click()
    End
End Sub
```

一个窗体中如果有多个同类型的控件，并且执行相同的操作，则使用控件数组能使程序简化，便于设计和维护。

项目拓展　设计简单的"文本编辑器"

设计的文本编辑器可以实现文本文件的打开、保存、设置字体、设置颜色的功能。其界面如图 4-11 所示。文本框中的文本可以从一个文本文件中读取，修改后可以保存。单击**结束**按钮时，如果没有保存，会打开询问是否保存的消息对话框，如单击**是**按钮，则返回主窗体，再单击**保存**按钮；否则，结束程序的运行。

设计思路

如图 4-12 所示，通用对话框的**属性页**窗口中有 5 个选项卡，分别是**打开/另存为**、**颜色**、**字体**、**打印**和**帮助**，供用户选择。前面的项目中介绍了**颜色**和**字体**对话框。本项目主要介绍**打开/另存为**对话框。

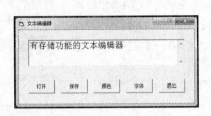

图 4-11　程序运行界面

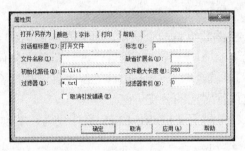

图 4-12　打开/另存为选项卡

1．创建用户界面

在新建的窗体中添加 1 个能显示多行文本的**文本框**、1 个**通用对话框**和 5 个**命令按钮**，如图 4-13 所示。

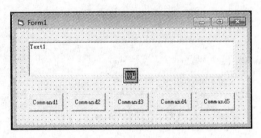

图 4-13　设计界面

2．设置界面属性

1）设置基本控件属性

按照表 4-7 设置基本控件属性。

表 4-7　控件属性

控　件	"名称"属性	"Text" / "Caption"属性	"MultiLine"属性	"ScrollBars"属性
窗体	Form1	文本编辑器		
文本框	Text1	置空	True	2-Vertical
命令按钮 1	cmdOpen	打开		
命令按钮 2	cmdSave	保存		
命令按钮 3	cmdColor	颜色		
命令按钮 4	cmdFont	字体		
命令按钮 5	cmdExit	退出		

2）利用属性页设置通用对话框的属性

（1）右击窗体中名称为 **CommonDialog1** 的通用对话框图标，在弹出的快捷菜单中选择**属性**选项，打开**属性页**对话框。

（2）选择**打开/另存为**选项卡，按照如图 4-12 所示设置相关属性。

打开/另存为选项卡的说明如表 4-8 所示。这些属性既可以在**属性页**中设定，也可以在设计代码时指定，有些属性还可以作为控件的返回值使用。

表 4-8 "打开/另存为"选项卡介绍

属　　性	功　　能
对话框标题	对话框打开时显示的标题，默认为"打开"
文件名称	返回或设置默认文件
初始化路径	用来设置和返回指定的路径，默认为当前目录
过滤器	返回或设置文件过滤器及文件的扩展名。通过设置"Filter"属性，可以在对话框文件列表框中显示扩展名与所设通配符的文件。如果"Filter"属性有多个值，则需要使用"|"将其隔开
标志	设置对话框的一些选项，如表 4.9 所示
默认扩展名	指定默认的文件类型
文件最大长度	指定文件名的最大长度，范围为 1～2048，默认为 256
过滤器索引	设置默认的过滤器，在为"Filter"属性设定多个值后，系统会按顺序给每个属性值设置一个索引值。设置"FilterIndex"属性之后，和"FilterIndex"属性值相对应的"Filter"属性就会显示在"文件"对话框的"文件类型"列表框中
取消引发错误	确定单击对话框的**取消**按钮时，是否发出一个错误信息

在以上 9 个选项中，有些选项由系统给出默认值，有些选项需要用户根据需要进行设定。

Flags 的值可以是表 4-9 中两项或多项值相加，例如，6=4+2，它表示同时具备 Flags=2 和 Flags=4 的特性，即对话框中不出现**只读检查**复选框，以及当用户选中磁盘中已存在的文件名时会打开一个消息对话框，询问用户是否覆盖已有的文件。

表 4-9 "打开/另存为"对话框中的 Flags 值

Flags 值	作　　用
1	在对话框中显示"只读检查"复选框
2	保存时如果有同名文件，则打开消息对话框，询问是否覆盖原有文件
4	不显示"只读检查"复选框
8	保留当前目录
16	显示"帮助"按钮
256	允许文件有无效字符
512	允许选择多个文件

3．编写事件代码

1）打开代码窗口

在左下拉列表框中选择**通用**选项，右下拉列表框中选择**声明**选项，声明窗体级变量 **state**。

```
Dim state As Integer
```

state 用来作为状态变量，主要在选择**结束**选项时使用。其用法如下：

（1）如果是下面几种情况之一，就将 state 置为 1。

① 只加载了窗体。

② 只打开了文本文件。

③ 执行了保存操作。

这几种情况说明文本文件没有修改，或者修改后已经保存了，所以单击**结束**按钮时可以直接关闭程序。

（2）如果修改了文本框的文本，就将其置为 0。单击**结束**按钮时，会打开消息对话框，提醒用户保存已修改内容。

2）编写 Form_Load 事件代码

初始化 state。

```
Private Sub Form_Load()
    state = 1
End Sub
```

3）编写 Text1_Change 事件代码

文本框的文本改变时触发。

```
Private Sub Text1_Change()
    state = 0
End Sub
```

文本框的文本发生了改变，将 state 置为 0。

4）编写 cmdOpen_Click 事件代码

打开**打开**对话框，调出指定文件。

```
Private Sub cmdOpen_Click()
    CommonDialog1.DialogTitle = "打开文件"
    CommonDialog1.Filter = "txt 文件|*.txt|"
    CommonDialog1.Flags = 1
    CommonDialog1.Action = 1
    Text1.Text = ""
    Open CommonDialog1.FileName For Input As #1
    Do While Not EOF(1)
        Line Input #1, a$
        Text1.Text = Text1.Text + a$ + vbCrLf
    Loop
    Close #1
    state = 1
End Sub
```

第一、二、三行语句用于设置**打开**对话框的属性。因为通用对话框的属性既可以在属性页中设定，也可以在运行时指定（Action 属性除外，只能在代码中指定），所以，如果已经在属性页中设置了相关属性，则可以省略这 3 行语句。

第四行语句将通用对话框的 **Action** 属性设为 1，所以打开**打开**对话框，也可以将这句替换为：

```
CommonDialog1.ShowOpen
```

第五行语句是在打开文件以前，先将文本框清空。

后面的一组语句是对文件的操作，其中：

Open 语句以读的方式打开在**打开**对话框中指定的文件，也就是 CommonDialog1. FileName；**EOF()** 函数判断文件指针是否移动到文件尾（End of File）。在打开文件进行操作的过程中，文件指针有可能被移动，当指针被移动到文件末尾时，EOF() 函数返回 True。其中的参数 **1** 是文件号。

循环语句的含义：如果文件指针没有遇到文件尾，就每次从文本文件读取一行，连接到文本框中。**vbCrLf** 表示回车换行。

Close 语句指关闭打开的文件。

5）编写 cmdSave_Click 事件代码

打开**保存**对话框，保存指定文件。

```
Private Sub cmdSave_Click()
    CommonDialog1.DialogTitle = "保存文件"
    CommonDialog1.Filter = "txt 文件|*.txt|"
    CommonDialog1.Flags = 1
    CommonDialog1.Action = 2
    Open CommonDialog1.FileName For Output As #1
    Print #1, Text1.Text
    Close #1
    state = 1
End Sub
```

将通用对话框的 **Action** 属性设为 2，所以打开**保存**对话框。也可以将这句替换为：

```
CommonDialog1.ShowSave
```

第 5～7 行语句是将文本框的文本写入到**保存**对话框指定的文件中。

6）编写 cmdColor_Click 事件代码

打开**颜色**对话框，选择所需的颜色。

```
Private Sub cmdColor_Click()
    CommonDialog1.Action = 3
    Text1.ForeColor = CommonDialog1.Color
End Sub
```

7）编写 cmdFont_Click 事件代码

打开**字体**对话框，选择所需的字体。

```
Private Sub cmdFont_Click()
    CommonDialog1.Flags = 1
    CommonDialog1. Action = 4
    Text1.FontName = CommonDialog1.FontName
    Text1.FontSize = CommonDialog1.FontSize
```

```
        Text1.FontBold = CommonDialog1.FontBold
        Text1.FontItalic = CommonDialog1.FontItalic
        Text1.FontUnderline = CommonDialog1.FontUnderline
        Text1.FontStrikethru = CommonDialog1.FontStrikethru
    End Sub
```

8）编写 cmdEnd_Click 事件代码

执行**结束**操作。

```
    Private Sub cmdEnd_Click()
        If  state = 0  Then
            answer = MsgBox("未保存已修改的文本，确实要退出吗？", vbYesNo,
            "保存提示！")
            If answer = 6 Then
                End
            End If
        Else
                End
        End If
    End Sub
```

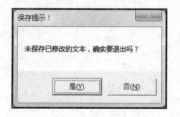

图 4-14　消息对话框

如果文本已经修改并且没有保存，就会打开一个消息对话框，如图 4-14 所示，如果单击**是**按钮，就结束程序，否则，关闭消息对话框，返回窗体，让用户先执行**保存**操作。当然，也可以在本段代码中增加实现保存的代码。

如果文本未修改或修改后已经保存了，则执行 **else** 下面的语句，直接退出程序。本任务是一个简化的文本编辑器，不能保存文本的格式等特性，大家可以尝试扩充其他功能。

知识拓展

除了 VB 之外，Microsoft 公司也推出了名为 Microsoft Visual C++（简称 Visual C++、MSVC、VC++或 VC）的 C++开发工具，具有集成开发环境，可提供 C 语言，C++以及 C++/CLI 等编程语言的研发支持。VC++整合了便利的除错工具，特别是整合了微软视窗程式设计（Windows API）、三维动画 DirectX API、Microsoft .NET 框架。目前最新的版本是 Microsoft Visual C++ 2012。

其优点如下：

（1）C 语言灵活性好，效率高，可以接触到软件开发中比较底层的东西。

（2）Microsoft 的 MFC 库博大精深，学会它可以随心所欲地进行编程。

（3）VC 是 Microsoft 制作的产品，与操作系统的结合更加紧密。

但是，VC 是程序员使用的工具，对使用者的要求比较高，既要具备丰富的 C 语言编程经验，又要具有一定的 Windows 编程基础，它的专业使得一般的编程爱好者学习起来困难较大。

课后练习与指导

一、选择题

1. 复选框的 Value 属性值为 1 时，表示（　　）。

　　A．复选框未被选中　　　　　　　　　　B．复选框被选中

　　C．复选框内有灰色的对勾　　　　　　　D．复选框操作错误

2. 下列控件可以用做其他控件容器的有（　　）。

　　A．窗体，标签，图片框　　　　　　　　B．窗体，框架，文本框

　　C．窗体，图像，列表框　　　　　　　　D．窗体，框架，图片框

3. 以下能判断是否到达文件尾的函数是（　　）。

　　A．BOF　　　　　　　B．LOC　　　　　C．LOF　　　　　D．EOF

4. 若要在同一窗体中安排两组单选按钮，则可用（　　）控件来分组。

　　A．文本框　　　　　　　B．框架　　　　　C．列表框　　　　D．组合框

5. 为了在窗体上建立两组单选按钮，并且当程序运行时，每组都可以有一个单选按钮被选中，则以下做法正确的是（　　）。

　　A．把这两组单选按钮设置为名称不同的两个控件数组

　　B．使两组单选按钮的 Index 属性分别相同

　　C．使两组单选按钮的名称分别相同

　　D．把两组单选按钮分别划分到两个不同的框架中

二、判断题

1. 文本框没有 Caption 属性。　　　　　　　　　　　　　　　　　　　　（　　）

2. VB 提供了列表框控件，当列表框中的项目较多、超过了列表框的长度时，系统会自动在列表框边上加一个滚动条。　　　　　　　　　　　　　　　　　　　　　（　　）

3. 用面向对象的编程思想观点来看，一只黑色的台球被打进袋内，则台球是对象、黑色是方法。　　　　　　　　　　　　　　　　　　　　　　　　　　　　　　　（　　）

4. 单击滚动条的滚动箭头时，产生的事件是 Change。　　　　　　　　　　（　　）

5. 图片框的默认属性为 Caption。　　　　　　　　　　　　　　　　　　　（　　）

6. 在 VB 设计界面中，工程窗口是不能隐藏的窗口。　　　　　　　　　　（　　）

7. 对象名.函数名可以构成语句。　　　　　　　　　　　　　　　　　　　（　　）

8. 事件驱动不是 VB 的特点。　　　　　　　　　　　　　　　　　　　　（　　）

9. 事件是 VB 预先定义的对象能识别的动作。　　　　　　　　　　　　　（　　）

10. 属性是指对象的名称、大小、位置和颜色等特性。　　　　　　　　　（　　）

三、简答题

1. 单选按钮和复选框在使用上有什么区别？

2. 什么是 ActiveX 控件？简述添加 ActiveX 控件的步骤。

3. 在什么情况下选择使用控件数组？

4．框架的作用是什么？

四、实践题

1．设计一个程序，用户界面如图 4-15 所示，由 1 个标签、1 个文本框、4 个复选框组成。程序开始运行后，用户在文本框中输入一段文字，然后按需要选中各复选框，用以改变文本的字体、字形、颜色以及大小。

2．设计一个程序，用户界面由 4 个单选按钮、1 个标签控件和 1 个命令按钮组成，程序开始运行后，用户点选某个单选按钮，就可将它对应的内容（星期、日期、月份或年份）显示在标签中，用户界面如图 4-16 所示。

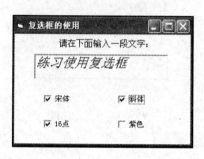

图 4-15　复选框的使用

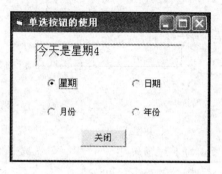

图 4-16　单选按钮的使用

3．按照如图 4-17 所示界面设计窗体。当单击**显示**按钮时，根据文本框中输入的内容、单选按钮和复选框的状态在标签中显示相应的信息。

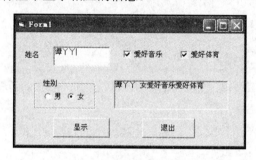

图 4-17　设计界面

选择控件——设计商品信息显示系统

你知道吗？

编程类似于搭积木，需要将各种实现某一功能的小模块整合起来，最后完成复杂的系统功能。一个大型应用程序的实现，首先要在设计阶段进行整体体系结构的设计，随后要准确定义各模块的功能与模块间的通信机制，最后针对每个小模块进行功能实现。

应用场景

在应用程序中，当需要向用户提供大量备选项时，若仍然采用前面介绍的单选按钮和复选框，则界面设计工作将会变得烦琐，代码编写的工作量也会很大。因此 VB 为用户提供了列表框与组合框来解决这一问题。本项目将编写多个应用程序，以熟悉列表框与组合框的使用方法。

背景知识

列表框和组合框控件都是通过列表的形式显示多个项目，供用户选择的，实现了交互操作。列表框仅能为用户提供选择的列表，不能由用户直接输入和修改其中的列表项内容；而组合框是文本框和列表框的组合控件。

设计思路

开发一个商品信息显示系统，窗体设计如图 5-1 所示，选择一种商品类别，然后选择某类商品系列，单击**查询商品信息**按钮后，显示所选商品详细信息，如图 5-2 所示。

图 5-1　系统运行界面

图 5-2　显示商品详细信息

任务 5.1　创建用户界面

5.1.1　掌握列表框的基本概念

列表框在工具箱中的名称为 **ListBox**。该控件为用户提供选项列表，达到与用户对话的目的。用户可以从列表框中选择一项或多项，被选中的列表项会反白显示。如果有较多的选项而不能一次全部显示，则 VB 会自动加上滚动条。列表框的最主要的特点是用户只能从其中选择某些选项，不能直接修改选项的内容。

当列表框中没有所需选项时，除了下拉列表框（Style 属性为 2）之外都允许在文本框中输入内容，但输入的内容不能自动添加到列表框中，需要编写程序实现。

5.1.2　掌握组合框的基本概念

组合框在工具箱中的名称为 **ComboBox,** 是组合了文本框和列表框的特性而形成的一种控件。它可以像列表框一样，让用户通过鼠标选择所需要的项目，也可以像文本框一样，用输入的方式选择项目。

组合框在列表框中列出可供用户选择的选项，当用户选择某选项后，该项内容自动装入文本框。组合框有 3 种组合风格，即下拉组合框、简单组合框和下拉列表框，由其 Style 属性值决定，它们的 Style 属性值分别为 0、1、2。

5.1.3　创建界面

（1）新建一个工程，命名为**商品信息显示系统**。

（2）在工具箱中，双击对应的控件图标；在窗体中添加 3 个**标签**控件。

（3）在窗体上添加 3 个**命令按钮**控件、1 个**列表框**控件、1 个**组合框**控件。这时商品信息显示系统的界面就基本完成了，如图 5-3 所示。

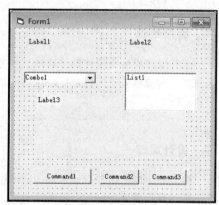

图 5-3　程序界面

任务 5.2　设置界面属性

5.2.1　掌握列表框的主要属性

1. List 属性

作用：返回或设置列表框的列表项目。在设计时可以在属性窗口中直接输入列表项目。

说明：输入每一项后使用 Ctrl+Enter 组合键换行。类型为字符型数组，存放列表框的项目数据，下标是从 0 开始的。运行时，引用列表框中的第一项为 List(0)、第二项为 List(1)。

2．Style 属性

作用：返回或设置列表框的显示样式。

说明：该属性的取值有 2 个。

0-Standard：表示列表项按照传统的标准样式显示列表项，为默认取值。

1-Checked：表示列表项的每一个文本项的旁边都有一个复选框，这时在列表框中可以同时选择多项。

3．Columns 属性

作用：返回或设置列表框列数。

说明：该属性的取值。

取值为 0：表示列表框为垂直滚动的单列显示，为默认取值。

取值大于等于 1：表示列表框为水平滚动形式的多列显示，显示的列数由 Columns 值决定。

4．Text 属性

作用：返回或设置列表框被选择的项目。

说明：为字符串型只读属性。如果列表框名称为 List1，则 List1.Text 的值总是与 Listl.List（Listl.ListIndex）的值相同。

5．ListIndex 属性

作用：返回或设置列表框中当前选中的项目索引。

说明：在设计时不可用，设置值为整型值，列表框的索引从 0 开始，即第一项索引为 0，第二项索引为 1。如果没有项目选中，则 ListIndex 值为–1。对于可以做多项选择的列表框，如果同时选择了多个选项，则 ListIndex 的返回值为所选项目的最后一项的索引。

6．ListCount 属性

作用：返回列表框中项目的总数。

7．Sorted 属性

作用：返回一个逻辑值，指定列表项目是否自动按照字母表顺序排序。

说明：该属性只能在设计时设置，不能在程序代码中设置。

True：列表框控件或组合框控件的项目自动按字母表顺序排序。

False：项目按加入的先后顺序排列显示，该值为默认属性值。

8．Selected 属性

作用：返回或设置列表框控件中的一个项目的选择状态。

说明：该属性是一个逻辑类型的数组，数组元素个数与列表框中的项目数相同，其下标的变化范围与 List 属性相同。例如，Listl.Selected(3)=True 表示列表框 Listl 的第 4 个项目被选中。

9．MultiSelect 属性

作用：用于指示是否能够在列表框控件中进行复选及如何进行复选。

说明：属性取值。

0-None：默认值，表示不允许复选。

1-Simple：简单复选。单击或按 Space 键在列表框中选中或取消选中，使用箭头移动键移动焦点。

2-Extended：扩展复选。按下 **Shift** 键并单击将在以前选中项的基础上扩展选择到当前选中项。按下 **Ctrl** 键并单击将在列表中选中或取消选中。

10. SelCount 属性

说明：其值表示在列表框控件中所选列表项的数目，只有在 MultiSelect 属性值设置为 1
（Simple）或 2（Extended）时起作用，通常与 Selected 属性一起使用，用以处理控件中的所选
项目。

5.2.2 掌握组合框的主要属性

由于组合框是文本框和列表框的组合，因此列表框的属性组合框基本上都有，除此之外，
组合框还有一些特殊属性。

1. Style 属性

它是组合框的一个重要属性，它决定了组合框的 3 种不同类型。其取值如下：

0-Dropdown：下拉组合框，为默认取值，可以直接输入新的选项，能够在列表框中选择。

1-Simple Combo：简单组合框，可以直接输入新的选项，能够在列表框中选择。

2-Dropdown List：下拉列表框，不能直接输入新的选项，能够在列表框中选择。

2. Text 属性

它是用户所选择的项目的文本或直接从编辑区中输入的文本。

5.2.3 设置属性

按照表 5-1 设置"商品信息显示系统"界面属性。

表 5-1 "商品信息显示系统"界面属性设置

"名称"属性	"Caption"属性	"Style"属性	"BorderStyle"属性	"BackColor"属性
Form1	商品信息显示系统			
Label1	商品类别		0	
Label2	某类商品清单		0	
Label3	（空）		1	&H00FFFFFF&
Command1	查询商品信息			
Command2	返回			
Command3	退出			
Combo1	（空）	0		
List1	List1	0		

（1）选中**窗体控件**，然后单击**属性**窗口的 **Caption** 属性，在 **Caption** 右边一栏中删除 **Form1**，
再输入**商品信息显示系统**。

（2）选中 **Label1** 控件，在**属性**窗口中选择 **Caption** 属性，在 **Caption** 右边一栏中删除 **Label1**，
再输入**商品类别**。

（3）按照步骤（2）设置其余标签的 **Caption** 属性，**Label3** 控件的 **BorderStyle** 属性的值
设置为 **1**（有边框），**Backcolor** 属性的值为 **&H00FFFFFF&**。

（4）选中 **Combo1** 控件，在**属性**窗口中选择 **Style** 属性，设其值为 **0**。

（5）选中 **Command1** 控件，在**属性**窗口中选择 **Caption** 属性，在右边一栏中输入**查询商**

品信息。

（6）按照步骤（5）的方法，分别设置其他命令按钮的 **Caption** 属性。

（7）最终设置结果如图 5-4 所示。

任务 5.3　编写事件代码

图 5-4　界面属性设置效果

5.3.1　掌握列表框常用的方法和事件

1．AddItem 方法

作用：用于将新的项目添加到列表框控件中。

格式：<对象名>.AddItem Item[，Index]

说明：其中 Item 为字符串表达式，表示要加入的项目；Index 决定新增项目的位置。如果 Sorted 属性值为 True，则将 Item 项目添加在适当的位置；如果 Sorted 属性值为 False，则添加在最后。

2．RemoveItem 方法

作用：用于从列表框控件删除一个列表项。

格式：<对象名>.RemoveItem Index

说明：Index 参数用于指定要删除的项目位置（索引号）。

3．Clear 方法

作用：用于清除列表框控件中的所有项目。

格式：<对象名>.Clear

例如，要删除列表框（Listl）中所有项目，可使用 Listl.Clear。

4．Click 事件

当单击某一列表项目时，将触发列表框的 Click 事件。该事件发生时系统会自动改变列表框的 ListIndex、Selected、Text 等属性，无须另外编写代码。

5．DblClick 事件

当双击某一列表项目时，将触发列表框控件的 DblClick 事件。

5.3.2　掌握组合框常用的方法和事件

列表框的 AddItem 方法、RemoveItem 方法和 Clear 方法同样也适用于组合框，用法相同。这里就不再一一介绍。

1．Click 事件

3 种类型的组合框都可以触发。

2．Change 事件

当用户通过键盘输入改变下拉组合框或简单组合框控件的文本框部分的正文，或者通过代码改变 Text 属性的设置时，将触发其 Change 事件。

3．DropDown 事件

当用户单击下拉组合框和下拉列表框右侧的下拉按钮，打开下拉列表时将触发 DropDown

事件。

5.3.3 编写应用程序代码

1. 程序初始化设置

Label3 用来在程序运行时显示用户所选中的商品的信息，在运行开始时 Label3 设置为不可见，运行开始后在窗体左部的 **Combo1** 列表框中显示商品的大类名称，并将**返回命令按钮**隐藏。

（1）在**工程管理器**窗口中双击 **Form1**，在**窗体设计器**窗口中出现**商品信息显示系统**的主界面。

（2）在**商品信息显示系统**的主界面中双击**窗体**，打开**代码编辑器**窗口，编写如下 Form_Load 事件代码：

```
Private Sub Form_Load()
    Label3.visible=False
    Combo1.AddItem "电脑"
    Combo1.AddItem "手机"
End Sub
```

2. 为列表框控件添加列表项

当用户从 **Combo1** 中选中某一类商品时，触发 Combo1_Click()事件过程，应该在 **List1** 中显示该类产品的产品系列。Combo1_Click()事件过程的代码如下：

```
Private Sub Combo1_Click()
    Select Case Combo1.Text
        Case "手机"
            List1.Clear
            List1.AddItem "NOKIA 系列"
            List1.AddItem "索尼爱立信系列"
            List1.AddItem "摩托罗拉系列"
        Case "电脑"
            List1.Clear
            List1.AddItem "索尼系列"
            List1.AddItem "戴尔系列"
            List1.AddItem "华硕系列"
    End Select
End Sub
```

3. 为"显示产品信息"命令按钮添加代码

当用户选择了某类商品系列，并单击**显示产品信息**（Command1）命令按钮后，将触发 Command1_Click 事件过程，在 **Lable3** 控件中将显示某一品牌商品系列的详细信息。

（1）编写两个自定义过程。

根据用户从 **Combo1** 组合框选择的大类产品名，分别调用有关过程。如果选择的是**手机**，则调用 **mobile()**过程，实现在 **Lable3** 控件中显示所选手机系列的详细信息。如果选择的是计算机，则调用 **computer()** 过程，实现在 **Lable3** 控件中显示所选计算机系列的详细信息。

① 编写如下 mobile() 过程代码：

```
Private Sub mobile()
    Select Case List1.List(List1.ListIndex)
        Case "NOKIA 系列"
            Label3.Caption = "商品类别:" + Combo1.Text + " 商品名称:" +
        List1.List(List1.ListIndex) + " 均价:" + "5200 元"
        Case "索尼爱立信系列"
            Label3.Caption = "商品类别:" + Combo1.Text + " 商品名称:" +
        List1.List(List1.ListIndex) + " 均价:" + "4000 元"
        Case "摩托罗拉系列"
            Label3.Caption = "商品类别:" + Combo1.Text + " 商品名称:" +
        List1.List(List1.ListIndex) + " 均价:" + "3800 元"
    End Select
End Sub
```

② 编写如下 computer() 过程代码：

```
Private Sub computer()
    Select Case List1.List(List1.ListIndex)
        Case "索尼系列"
            Label3.Caption = "商品类别:" + Combo1.Text + " 商品名称:" +
        List1.List(List1.ListIndex) + " 均价:" + "3600 元"
        Case "戴尔系列"
            Label3.Caption = "商品类别:" + Combo1.Text + " 商品名称:" +
        List1.List(List1.ListIndex) + " 均价:" + "4000 元"
        Case "华硕系列"
            Label3.Caption = "商品类别:" + Combo1.Text + " 商品名称:" +
        List1.List(List1.ListIndex) + " 均价:" + "5000 元"
    End Select
End Sub
```

（2）单击**查询商品信息**（Command1）按钮，调用自定义过程，实现显示商品的详细信息的功能，在 Command1_Click() 事件过程中编写如下代码：

```
Private Sub Command1_Click()
    Label3.Visible = True
    Combo1.Visible = False
    List1.Visible = False
    Command1.Visible = False
    Command3.Visible = False
    Label1.Visible = False
    Label2.Visible = False
    If Combo1.Text = "手机" Then mobile
    If Combo1.Text = "电脑" Then computer
End Sub
```

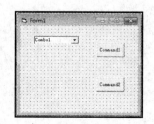

4．为"返回"按钮添加代码

单击返回（Command2）按钮，返回初始窗口。在 Command2_Click()事件过程中编写如下代码：

```
Private Sub Command2_Click()
    Label3.Visible = False
    Combo1.Visible = True
    List1.Visible = True
    Command1.Visible = True
    Command3.Visible = True
    Label1.Visible = True
    Label2.Visible = True
End Sub
```

5．为"退出"按钮添加代码

单击退出按钮，退出窗口。在 Command3_Click()事件过程中编写如下代码：

```
Private Sub Command3_Click()
    End
End Sub
```

任务 5.4　开发一个员工信息录入程序

利用组合框编写一个能够完成录入员工姓名的程序，录入姓名后直接按 **Enter** 键或单击**确定**按钮就可以将姓名添加到组合框中，界面如图 5-5 所示。当双击组合框某项目时可以删除该项目，单击**退出**按钮时显示输入员工的人数，界面如图 5-6 所示。

图 5-5　程序运行界面　　　　图 5-6　显示员工的人数

5.4.1　创建用户界面

（1）新建一个工程，命名为**使用组合框**。
（2）向窗体添加一个**组合框**控件和两个**命令按钮**控件。
（3）创建员工信息录入程序界面，如图 5-7 所示。

5.4.2　设置界面属性

应用程序界面的属性设置如表 5-2 所示。

图 5-7　程序界面

表 5-2 "录入员工信息程序"界面的属性设置

"名称"属性	"Caption"属性	"Style"属性	"名称"属性	"Caption"属性	"Style"属性
Form1	录入员工信息程序		Command2	退出	
Command1	确定		Combo1		1

（1）设置窗体 **Form1** 控件的 **Caption** 属性为录入员工信息程序。

（2）设置组合框 **Combo1** 控件的 **Style** 属性值为 **1**。

（3）设置 **Command1** 控件的 **Caption** 属性为确定，设置 **Command2** 控件的 **Caption** 属性值为退出。

（4）最后的设置效果如图 5-8 所示。

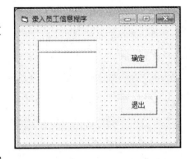

图 5-8 界面属性设置效果

5.4.3 编写事件代码

（1）在 Combo1_DblClick()中编写代码，实现删除员工信息的功能。

```
Private Sub Combo1_DblClick()
    Combo1.RemoveItem Combo1.ListIndex
End Sub
```

（2）在 Combo1_KeyPress 中编写代码，实现按 **Enter** 键添加员工信息的功能。

```
Private Sub Combo1_KeyPress(KeyAscii As Integer)
    If KeyAscii = 13 Then
    Combo1.AddItem Combo1.Text
    Combo1.SetFocus
    End If
End Sub
```

（3）在 Command1_Click()中编写代码，实现单击确定按钮添加员工信息的功能。

```
Private Sub Command1_Click()
    Combo1.AddItem Combo1.Text
    Combo1.SetFocus
End Sub
```

组合框的 **KeyPress** 事件在用户按下和松开按键时发生，一个 KeyPress 事件可以引用任何可打印的键盘字符，一个来自标准字母表的字符或少数几个特殊字符之一的字符与 **Ctrl** 键的组合，以及 **Enter** 键或 **Backspace** 键。参数 KeyAscii 可以返回一个标准数字 ASCII 码的整数，返回值是 **13** 时，表示用户按了 **Enter** 键。

（4）在 Command2_Click()中编写代码，实现员工人数的统计及退出系统的功能。

```
Private Sub Command2_Click()
    Combo1.Text = ""
    MsgBox "您输入的员工人数为" + Str(Combo1.ListCount) + "人"
    End
End Sub
```

项目拓展　开发一个学生成绩查询程序

设计思路

在组合框中显示班级名称，列表框中显示选中班级学生名单，当从列表框中选择学生的名字时，该学生的成绩将显示在文本框中。运行效果如图5-9所示。

1. 创建用户界面

（1）新建一个工程，命名为**学生成绩查询**。

（2）向窗体添加3个标签控件、1个组合框控件和1个列表框控件。

（3）**学生成绩查询程序**的界面如图5-10所示。

图5-9　程序运行效果

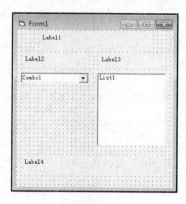

图5-10　程序界面

2. 设置控件属性

应用程序界面属性的设置如表5-3所示。

表5-3　"学生成绩查询程序"界面属性设置

"名称"属性	"Caption"属性	"List"属性	"BorderStyle"属性	"BackColor"属性	"Style"属性
Form1	学生成绩查询程序				
Label1	学生成绩查询				
Label2	班级				
Label3	学生姓名				
Label4			1	&H00FFFFFF&	
List1					0
Combo1		应用1班 应用2班			0

（1）设置窗体 **Form1** 控件的 **Caption** 属性为**学生成绩查询程序**。

（2）设置组合框 **List1** 控件的 **Style** 属性的值为 **0**，设置 **Combo1** 控件的 **Style** 属性值为 **0**，设置 **List** 属性的值为**应用1班、应用2班**。

（3）设置 **Label1** 控件的 **Caption** 属性的值为**学生成绩查询**，设置 **Label2** 控件的 **Caption**

属性的值为**班级**，设置 **Label3** 控件的 **Caption** 属性的值为**学生姓名**。设置 **Label4** 控件的 **BorderStyle** 属性的值为 **1**，设置 **BackColor** 属性的值为**&H00FFFFFF&**。

（4）最后的设置效果如图 5-11 所示。

3．编写事件代码

（1）在 Combo1_Click()中编写事件代码，实现学生姓名和成绩的添加功能。

图 5-11 界面属性设置效果

```
Private Sub Combo1_Click()
    Select Case Combo1.Text
        Case "应用 1 班"
            List1.Clear
            List1.AddItem ("陈利")
            List1.ItemData(List1.NewIndex) = 85
            List1.AddItem ("李明")
            List1.ItemData(List1.NewIndex) = 90
            List1.AddItem ("周云")
            List1.ItemData(List1.NewIndex) = 63
            List1.AddItem ("陈松")
            List1.ItemData(List1.NewIndex) = 70
            List1.AddItem ("赵欢")
            List1.ItemData(List1.NewIndex) = 47
            List1.AddItem ("叶灿")
            List1.ItemData(List1.NewIndex) = 92
        Case "应用 2 班"
            List1.Clear
            List1.AddItem ("吴强")
            List1.ItemData(List1.NewIndex) = 98
            List1.AddItem ("李双")
            List1.ItemData(List1.NewIndex) = 76
            List1.AddItem ("秦小玲")
            List1.ItemData(List1.NewIndex) = 71
            List1.AddItem ("黄芳")
            List1.ItemData(List1.NewIndex) = 65
            List1.AddItem ("周峰")
            List1.ItemData(List1.NewIndex) = 53
            List1.AddItem ("龙心")
            List1.ItemData(List1.NewIndex) = 92
    End Select
End Sub
```

（2）在 List1_Click()中编写事件代码，实现所选学生成绩的查询功能。

```
Private Sub List1_Click()
    Label4.Caption = List1.List(List1.ListIndex) & "的成绩是" &
    List1.ItemData(List1.ListIndex) & "分"
End Sub
```

列表框的 ItemData 属性，可使组合框或列表框中的每个数据项都与一个指定编号相联系，然后可以在程序中使用这些编号来标识列表框中的各个数据项。NewIndex 属性的作用是跟踪添加到列表框中最后一个列表项的索引。

知识拓展

Microsoft 开发了一系列由 VB 所派生的语言。

（1）Visual Basic for Applications(VBA)：包含在 Microsoft 的应用程序（如 Microsoft Office）中，以及类似 WordPerfect、Office 这样的第三方产品中。VBA 的功能和 VB 一样强大。

（2）VBScript(VBS)：默认的 ASP 语言，还可以用在 Windows 脚本编写和网页编码中。尽管它的语法类似于 VB，但是它是一种完全不同的语言。VBS 不使用 VB 运行库运行，而是由 Windows 脚本主机解释执行。这两种语言之中的不同点影响了 ASP 网站的表现。

（3）Visual Basic.NET(vb.net)：当 Microsoft 准备开发一种新的编程工具时，第一决定就是利用 VB 6.0 来进行旧改，或者重新组建工程开发新工具。Microsoft 后来开发了 VB 的继任者 VB.NET，同时也是.NET 平台的一部分。VB.NET 是一种真正的面向对象的编程语言，和 VB 并不完全兼容。

课后练习与指导

一、选择题

1. 若要多列显示列表项，则可通过设置列表框对象的（　　）属性来实现。
   A．Columns　　　　B．MultiSelect　　　　C．Style　　　　D．List
2. 若要设置列表框的选择方式，则可通过设置（　　）属性来实现。
   A．Columns　　　　B．MultiSelect　　　　C．Style　　　　D．List
3. 若要获知当前列表项的数目，则可通过访问（　　）属性来实现。
   A．List　　　　B．ListIndex　　　　C．ListCount　　　　D．Text
4. 若要向列表框新增列表项，则可使用（　　）方法来实现
   A．Add　　　　B．Remove　　　　C．Clear　　　　D．AddItem
5. 若要清除列表框中的内容，则可使用（　　）方法来实现。
   A．Add　　　　B．Remove　　　　C．Clear　　　　D．AddItem
6. 组合框的风格可通过（　　）属性来设置。
   A．BackStyle　　　　B．BorderStyle　　　　C．Style　　　　D．Sorted
7. 设窗体上有一个名为 List 的列表框，并编写下面的事件过程：

```
PrivateSubList1_Click()
    Dim ch As String
    ch =List1.List(List1.ListIndex)
    List1.RemoveItemList1.ListIndex
    List1.AddItemch
End Sub
```

程序运行时，选择一个列表项，则产生的结果是（　　）。

    A．该列表项被移动到列表的最前面　B．该列表项被删除

    C．该列表项被移动到列表的最后面　D．该列表项被删除后又在原位置插入

8．窗体上有一个名称为 Cb1 的组合框，程序运行后，为了输出选中的列表项，应使用的语句是（　　）。

    A．PrintCb1.Selected   B．PrintCb1.List(Cb1.ListIndex)

    C．PrintCb1.Selected.Text   D．PrintCb1.List(ListIndex)

二、填空题

1．组合框是_____和_____的组合控件。

2．列表框在工具箱中的名称为_____。

3．列表框的_____属性用于返回或设置列表框控件中的一个项目的选择状态。

4．列表框的_____属性用于返回或设置列表框中的列表项。

5．创建一个简单组合框，Style 属性的值设置为_____。

三、实践题

1．在窗体中添加两个列表框控件和两个标签控件，一个命令按钮。当启动程序后，在左边列表框中选中旅游城市，单击按钮添加到右边的列表框，如图 5-12 所示。

2．设计一个简单的报名系统程序，要求界面如图 5-13 所示，从文本框中输入学生姓名，在"班级"组合框中选择其所属班级（提供 4 种默认班级：计算机应用 2014、计算机网络 2014、计算机软件 2014），然后将学生姓名和班级添加到列表框中。用户可以删除列表框中选择的项目，也可以把整个列表框清空。

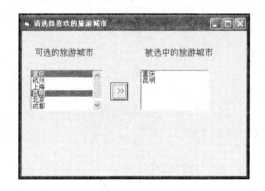

图 5-12　程序运行界面

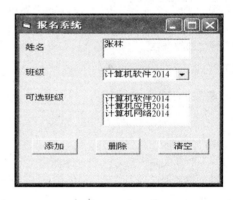

图 5-13　报名系统运行界面

项目六

图形和时间控件——设计世界时间显示程序

你知道吗?

如今，用户的要求越来越复杂，程序实现难度也越来越高。我们不仅要在保障稳定性的基础上完成复杂的程序逻辑设计，还要考虑如何使程序更友好、更具有易用性。用户没有耐心去逐步了解复杂界面的使用方法，文本框和命令按钮也无法满足用户的审美需求，程序设计的核心是程序，成功与否则取决于身为使用者的用户，这是很多优秀的程序员容易忽略的一点。

应用场景

在应用程序中，并非所有的事件都是由用户操作触发的，如可以设计一个程序每天早上七点响铃提醒起床，也可以设计一个程序每隔一小时提醒用户要远离屏幕并适当运动……这些功能都是需要使用时间控件来完成的。同时，我们可以使用在窗体的指定位置显示图形信息的图片框和图像框控件，以美化界面和增加界面的趣味性。

背景知识

VB 6.0 提供了定时器 Timer 或称计时器的控件。该控件用于在一定的时间间隔中周期性地定时执行某项操作，如倒计时、动画等。用户可以通过该控件使用系统时钟来计时，也可以自己定制一个时间间隔，在每一个时间间隔内触发一个计时器事件。

图片框适用于动态环境；而图像框适用于静态情况，即不需要修改的位图（Bitmap）、图标（Icon）、Windows 元文件（Metafile）、图形文件（扩展名为.gif）和静态图像（扩展名为.jpeg）。

设计思路

开发一个各国城市时间显示程序，窗体设计如图 6-1 所示，在系统中，显示世界不同城市的当前时间，每秒时间变化一次，并显示对应的城市图片。

图 6-1　窗体设计

任务 6.1 创建用户界面

6.1.1 了解定时器、图片框和图像框的基本概念

1．定时器

定时器在工具箱中的名称为 **Timer**。该控件用于在一定的时间间隔中周期性地定时执行某项操作，它独立于用户，运行时不可见。

2．图片框控件

图片框在工具箱中的名称为 **PictureBox**，适用于动态环境，不仅可以显示图形，还可以绘制图形、显示文本或数据，还经常被用做其他控件的容器。

3．图像框控件

图像框在工具箱中的名称为 **ImageBox**，主要用于在窗体的指定位置显示图形信息，适用于静态情况，即不需要修改的位图、图标及其他格式的图形文件。VB 6.0 的 **ImageBox** 支持扩展名为.bmp、.ico、.wmf、.emf、.jpg、.gif 等的图形文件。由于图像框比图片框占用的内存少，显示速度快，因此，在用图片框和图像框都能满足需要的情况下，应优先考虑使用图像框。图像框不能作为父控件，不能通过 Print 方法接收文本。

6.1.2 创建界面

（1）新建一个工程，命名为**各国城市时间显示程序**。

（2）在工具箱中，双击对应的控件图标；在窗体上添加 1 个**组合框控件**、1 个**命令按钮控件**、2 个**标签框控件**、1 个**图像框控件**、1 个**定时器控件**。这时各国城市时间显示程序的界面就基本完成了，如图 6-2 所示。

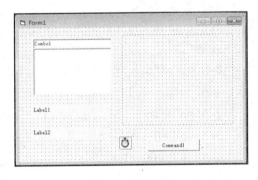

图 6-2 程序界面

任务 6.2 设置界面属性

6.2.1 掌握定时器、图片框和图像框的常用属性

1．定时器的常用属性

（1）Interval 属性

作用：用于设置定时器触发其定时事件发生的时间间隔。

说明：该属性是一个整型值，以 ms 为单位，可取值的范围是 0～65535。因此间隔时间最多不能超过 65s。60000ms 为 1min，1000ms 为 1s。如果希望每秒产生 n 个事件，则属性 Interval 的值为 1000/n。

（2）Enabled 属性

作用：用于设置定时器可用性。

说明：该属性的取值有 2 个。

① True：使时钟控件有效，即计时器开始工作（以 Interval 属性大于 0 为前提，此时以 Interval 属性值为间隔触发 Timer 事件）。

② False：使时钟控件无效，即计时器停止工作。

2．图片框常用属性

（1）Picture 属性

作用：存储要在图片框中显示的图形。

说明：可以在设计时从属性窗口或者运行时通过代码来设置。通过代码设置时，要调用 LoadPicture 函数，可以显示的图形类型有位图文件、图标文件、Windows 元文件、JPEG 文件以及 GIF 文件等。

语句格式如下：

```
[对象].Picture=LoadPicture([filename])
```

例如：

```
picBmp.Picture=LoadPicture("c:\sample\sample.bmp")
```

（2）Align 属性

作用：设置图片框在窗体中的显示方式。

设置值如下：

0-None：默认设置，图片框无特殊显示。

1-Align Top：图片框与窗体一样宽，并位于窗体顶端。

2-Align Bottom：图片框与窗体一样宽，并位于窗体底端。

3-Align Left：图片框与窗体一样高，并位于窗体左端。

4-Align Right：图片框与窗体一样高，并位于窗口右端。

（3）AutoSize 属性

作用：决定控件是否自动改变大小以显示图像全部内容。如果要使图片框能够根据图形大小自动调整，则应将 AutoSize 属性设为 True。

3．图像框的常用属性

图像框与图片框一样,可以在属性窗口通过设置 Image 控件的 Picture 属性来添加图像，也可以在代码中使用 LoadPicture 函数进行图像的添加或清除。Image 控件比 PictureBox 控件占用的系统资源少，所以实现起来比 PictureBox 控件要快。下面介绍的是图像框控件特有的属性。

（1）Stretch 属性。

作用：决定图片是否可以伸缩。

说明：有 2 个取值。

① True：将自动放大或缩小图像框中的图形以与图像框的大小相适应。

② False：按照给定图像的大小输出图形。

6.2.2　设置属性

按照表 6-1 所示设置"各国城市时间显示程序"界面属性。

表 6-1　"各国城市时间显示程序"界面属性设置

"名称"属性	"Caption"属性	"Style"属性	"Stretch"属性	"BorderStyle"属性	"Interval"属性	"BackColor"属性
Form1	各国城市时间显示程序					
Label1				0		
Label2				1		&H00FFFFFF&
Image1			True			
Timer1					1000	
Combo1		1				
Command1	退出					

（1）选中**窗体**控件，然后单击属性窗口的 **Caption** 属性，在 **Caption** 右边一栏中删除 **Form1**，再输入**各国城市时间显示程序**。

（2）选中 **Label1** 控件，在属性窗口中选择 **Caption** 属性，在 **Caption** 右边一栏中删除 **Label1**。

（3）按照步骤（2）设置 **Label2** 控件的 **Caption** 属性，选择 **BorderStyle** 属性，设置值为**1**，选择 **BackColor** 属性，设置值为**&H00FFFFFF&**。

（4）选中 **Combo1** 控件，在**属性**窗口中选择 **Style** 属性，设置值为 **1**。

（5）选中 **Image1** 控件，在**属性**窗口中选择 **Stretch** 属性，设置值为 **True**。

（6）选中 **Command1** 控件，在**属性**窗口中选择 **Caption** 属性，在右边一栏中输入**退出**。

（7）选中 **Timer1** 控件，在**属性**窗口中选择 **Enabled** 属性，设置值为 **True**，选择 **Interval** 属性，设置值为 **1000**。

（8）最后的设置效果如图 6-3 所示。

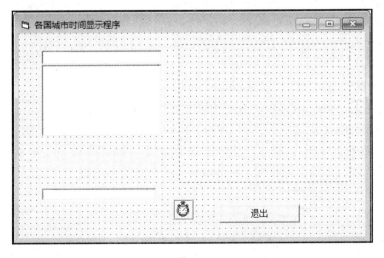

图 6-3　界面属性设置效果

任务6.3 编写事件代码

6.3.1 掌握定时器、图片框和图像框的常用事件

1．定时器常用的事件

Timer 事件：时钟控件只支持 Timer 事件。在 Enabled 属性为 True 的前提下，每经过一个 Interval 属性所设定的时间间隔就触发一次 Timer 事件。如设定 Interval 属性值为 3000，即控件将每隔 3s 触发一次 Timer 事件。

2．图像框和图片框常用的事件

可以触发 Click 事件和 DblClick 事件。

6.3.2 编写程序代码

1．程序初始化设置

在程序运行时，窗体左部的 **Combo1** 中显示可选择的城市名，在窗体右部的 **Image1** 中显示所选城市的图片，相应的代码在 Form_Load 事件过程中编写。

（1）在工程管理器窗口中双击 **Form1**，在窗体设计器窗口中打开各国城市时间显示程序的主界面。

（2）在各国城市时间显示程序的主界面中双击窗体，会打开代码编辑器窗口，编写 Form_Load 事件代码如下：

```
Private Sub Form_Load()
    Combo1.AddItem "北京"
    Combo1.AddItem "香港"
    Combo1.AddItem "纽约"
    Combo1.AddItem "巴黎"
    Image1.Picture = LoadPicture("f:\vb1\hongkong.bmp")
End Sub
```

2．为计时器事件添加代码并调用 clock 自定义过程

Label1 用来在程序运行时显示所选城市，在运行开始时 **Label2** 用来显示所选城市的当前时间，当用户从 **Combo1** 中选中了某城市时，应该在 **Label2** 中显示所选城市的当前时间，在 **Image1** 中显示所选城市的图片，相应的代码应在 Timer1_Timer()事件过程中编写同时使用 clock 自定义过程计算各国城市的当前时间（请下载各城市对应图片并保存至对应路径，如北京图片保存路径为"F:\vb1\beijing.bmp"）。

（1）创建 clock 自定义过程，代码如下：

```
Private Sub clock(dt)
    t$ = Time$
    hr = Val(Left(t$, 2)) + dt
    If hr >= 24 Then hr = hr-24
```

```
        t1$ = Str$(hr)
        t2$ = Mid$(t$, 3, 6)
        Label2.Caption = t1$ + t2$
    End Sub
```

（2）在 Timer1_Timer()事件过程中编写如下代码：

```
Private Sub Timer1_Timer()
    Select Case Combo1.Text
        Case "北京"
            Label1.Caption = "北京时间:"
            Image1.Picture = LoadPicture("f:\vb1\beijing.bmp")
            clock (0)
        Case "香港"
            Label1.Caption = "香港时间:"
            Image1.Picture = LoadPicture("f:\vb1\hongkong.bmp")
            clock (0)
        Case "纽约"
            clock (11)
            Label1.Caption = "纽约时间:"
            Image1.Picture = LoadPicture("f:\vb1\niuyue.bmp")
        Case "巴黎"
            clock (-6)
            Label1.Caption = "巴黎时间:"
            Image1.Picture = LoadPicture("f:\vb1\paris.bmp")
    End Select
End Sub
```

（3）为**退出按钮**的 Command1_Click()事件过程编写代码，实现退出应用程序的操作：

```
Private Sub Command1_Click()
    End
End Sub
```

任务 6.4　设计闹钟程序

在窗体中添加 3 个标签、1 个文本框、1 个**设置闹钟时间**命令按钮、1 个**关闭闹钟**命令按钮。标签分别用于显示文字、系统当前时间，单击**设置闹钟时间**按钮，用户可在文本框中设置闹钟时间，闹钟的声音为蜂鸣声，单击**关闭闹钟**按钮，可关闭闹钟。程序运行界面如图 6-4 所示。

6.4.1　创建用户界面

（1）新建一个工程，命名为**闹钟程序**。
（2）向窗体添加 3 个**标签**控件、2 个**命令按钮**控件、1 个**文本框**控件、1 个**定时器**控件。
（3）创建的闹钟程序界面如图 6-5 所示。

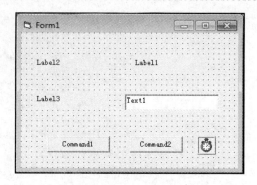

图 6-4 程序运行界面   图 6-5 程序界面

6.4.2 设置界面属性

"闹钟程序"界面属性的设置如表 6-2 所示。

表 6-2 "闹钟程序"界面属性的设置

"名称"属性	"Caption"属性	"Text"属性	"Enabled"属性	"Interval"属性
Form1	闹钟程序			
Timer1			True	1000
Label1				
Label2	系统时间			
Label3	闹钟时间			
Text1		00:00:00		
Command1	设置闹钟时间			
Command2	关闭闹钟			

图 6-6 界面属性设置效果

（1）设置 **Label2** 控件的 **Caption** 属性的值为**系统时间**，设置 **Label3** 控件的 **Caption** 属性的值为**闹钟时间**，设置 **Text1** 控件的 **Text** 属性的值为 **00:00:00**。

（2）设置 **Timer1** 控件的 **Enabled** 属性的值为 **True**，**Interval** 属性的值为 **1**。设置 **Command1** 控件的 **Caption** 属性的值为**设置闹钟时间**。设置 **Command2** 控件的 **Caption** 属性的值为**关闭闹钟**。

（3）最后的界面属性设置效果如图 6-6 所示。

6.4.3 编写事件代码

（1）在 Command1_Click() 中编写代码，让文本框获得焦点。

```
Private Sub Command1_Click()
Text1.SetFocus
End Sub
```

（2）在 Command2_Click()中编写代码，设置标志位 f 的初始值为 0。

```
Private Sub Command2_Click()
    f = 0
End Sub
```

（3）在 Command3_Click()中编写代码，实现闹钟程序的功能。

```
Private Sub Timer1_Timer()
    Label1.Caption = Time
    If  Label1.Caption = Text1.Text    Then
    f = 1
    End If
    If  f = 1 Then
    Beep            '蜂鸣声
    End If
End Sub
```

项目拓展 编写一个抽奖程序

设计思路

启动程序后，单击**开始**按钮，抽奖开始，定时器自动启动，一个标签框显示抽奖过程中随机产生 1～21 的滚动数字，当在 5 个标签框中分别显示中奖号时，关闭定时器控件，抽奖结束。程序运行界面如图 6-10 所示。

1. 创建用户界面

（1）新建一个工程，命名为**抽奖程序**。

（2）向窗体添加 1 个控件数组（5 个标签框）、2 个**命令按钮**控件、2 个**标签**控件、1 个定时器控件。

（3）最后创建的程序界面如图 6-11 所示。

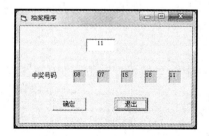

图 6-10 程序运行界面

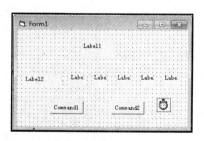

图 6-11 程序界面

2．设置界面属性

（1）设置窗体 **Form1** 控件的 **Caption** 属性值为**抽奖程序**。

（2）设置标签框 **Label2** 控件的 **Caption** 属性值为**中奖号码**。

（3）设置 **Command1** 控件的 **Caption** 属性值为**确定**，设置 **Command2** 控件的 **Caption** 属性值为**退出**。

（4）其他控件属性的设置如表 6-3 所示。

表 6-3 "抽奖程序"界面属性设置

"名称"属性	"Caption"属性	"BackColor"属性	"Index"属性	"Enabled"属性	"Interval"属性	"BorderStyle"属性
Form1	抽奖程序					
Label1		&H00FFFFFF&				1
Label2	中奖号码					
Label3(0)		&H00C0C0FF&	0			1
Label3(1)		&H00C0C0FF&	1			1
Label3(2)		&H00C0C0FF&	2			1
Label3(3)		&H00C0C0FF&	3			1
Label3(4)		&H00C0C0FF&	4			1
Timer1				False	1	
Command1	确定					
Command2	退出					

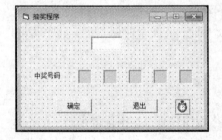

图 6-12　界面属性设置效果

（5）最后的设置效果如图 6-12 所示。

3．编写事件代码

当启动程序后，单击开始按钮，抽奖开始，打开定时器，利用定时器控件，同时产生两个随机数，分别使用变量 s1、s2 表示，s1 的值是 1～21，s2 的值是 1～25。s1 用于生成实际的中奖号码，s2 用于使中奖号码的产生时间具有随机性。可以设置当 s2=22 时，用 s1 与前面产生的中奖号码比较，若与前面的中奖相同，则退出本过程；若与前面的中奖号码不同，则将此随机数作为中奖号码。使用变量 Sy 表示产生有效中奖号码个数，当产生 5 个中奖号码时，关闭定时器控件，停止产生随机数。

下面编写事件代码。

（1）在开始按钮的 Command1_Click()事件过程中编写代码，实现清空中奖号码和启用定时器操作，代码如下：

```
Dim sy As Integer
Private Sub Command1_Click()
    For i = 0 To 4
```

```
            Label3(i).Caption =" "
        Next
            Timer1.Enabled = True
            Command1.Enabled = False
            sy = -1
    End Sub
```

（2）在 Timer1_Timer()事件过程中编写代码实现抽奖操作，代码如下：

```
Private Sub Timer1_Timer()
    Dim s1, s2  As Integer
        Randomize
        s1 = Int(Rnd * 21) + 1
        s2 = Int(Rnd * 25) + 1
        Label1.Caption = s1
        If s2 = 22 Then
            sy = sy + 1
            For a = 0 To sy
                If s1 = Val(Label3(a).Caption) Then
                    sy = sy - 1
                    Exit Sub
                End If
            Next
            Label3(sy).Caption = Format(s1, "00")
        End If
        If sy = 4 Then
            Timer1.Enabled = False
            Command1.Enabled = True
        End If
End Sub
```

（3）在退出按钮的 Command2_Click()事件过程中编写代码实现退出应用程序的操作，代码如下：

```
Private Sub Command2_Click()
    End
End Sub
```

知识拓展

　　VB 适用于快速编程，并不适用于编写界面绚丽的应用程序。如果只需要进行简单美化，可以尝试合理地组合使用图片框与图像框，为界面中的按钮、文本框等控件添加图片背景，尝试使用 Flash 控件。如果要对应用程序的界面进行深度美化，可能需要借助 SkinBuilder 等其他软件来完成。

课后练习与指导

一、选择题

1. 若要设置定时器控件的定时时间，则可通过（　　）属性来设置。

   A. Interval   B. Value   C. Enabled   D. Text

2. 若要暂时关闭定时器，则可通过设置（　　）属性为 False 来实现。

   A. Visible   B. Enabled   C. Interval   D. Timer

3. 图像框或图片框中显示的图形，由对象的（　　）属性值决定。

   A. Picture   B. Image   C. DownPicture   D. Icon

4. 能够将 Picture 对象 P 加载当前目录中的 face.bmp 的语句是（　　）。

   A. P.Picture=LoadPicture("face.bmp")   B. P.LoadPicture=("face.bmp")

   C. Picture1.picture=LoadPicture("face.bmp")   D. Picture1.LoadPicture("face.bmp")

5. 只能用来显示字符信息的控件是（　　）。

   A. 文本框   B. 图片框   C. 图像框   D. 标签框

6. 窗体上有一个名为 Command1 的命令按钮和一个名为 Timer1 的计时器，并有下面的事件过程：

```
Private Sub Command1_Click( )
     Timer1.Enabled=True
End Sub
Private Sub Form_Click( )
     Timer1.Interval=10
     Timer1.Enabled=False
End Sub
Private Sub Timer1_Click( )
     Command1.Left=Command1.Left+10
End Sub
```

程序运行时，单击命令按钮，则产生的结果是（　　）。

   A. 命令按钮每 10s 向左移动一次   B. 命令按钮每 10s 向右移动一次

   C. 命令按钮每 10ms 向左移动一次   D. 命令按钮每 10ms 向右移动一次

7. a=5，b=8，则 int((b−a)*Rnd+a) 的结果是（　　）中的整数。

   A. [5,8)   B. (0,5)   C. [3,5)   D. (0,3)

8. a 和 b 中有且只有一个为 0，可以用（　　）表达式来表示。

   A. a=0 or b=0   B. a=0 Xor b=0

   C. a*b=0 And a+b<>0   D. a=0 And b=0

9. 布尔类型的数据由（　　）个字节组成。

   A. 1   B. 2   C. 3   D. 4

10. Cint 函数返回值类型是（　　）。

   A. 整型   B. 字符串

   C. 变体   D. 双精度浮点型

11. ControlBox 属性只适用于窗体,当窗体的（　　）属性设置为 0-None 时,则 ControlBox

属性不起作用。

    A．Borderstyle   B．Autoredraw   C．Windowstate   D．Enabled

12．dim a(–3 to 3)所定义的数组元素个数是（   ）。

    A．6   B．7   C．8   D．9

13．Dim b1，b2 as boolean 语句显式声明变量（   ）。

    A．b1 和 b2 都为布尔型变量

    B．b1 是整型，b2 是布尔型

    C．b1 是变体型（可变型），b2 是布尔型

    D．b1 和 b2 都是变体型（可变型）

14．Double 类型的数据由（   ）个字节组成。

    A．21   B．4   C．8   D．16

15．Inputbox()函数的返回值类型为（   ）。

    A．数值型   B．字符型   C．逻辑型   D．变体型

16．Inputbox 函数的参数中，必选参数 Prompt 的作用是（   ）。

    A．输出信息   B．定义提示信息

    C．定义隐含信息   D．定义输入的位置

17．Rnd 函数不可能产生的值是（   ）。

    A．0   B．1   C．0.1234   D．0.00005

18．VB 是一种面向对象的程序设计语言，构成对象的三要素是（   ）。

    A．属性、事件、方法   B．控件、属性、事件

    C．窗体、控件、过程   D．窗体、控件、模块

19．变量 A%的类型是（   ）。

    A．Integer   B．Single   C．String   D．Boolean

20．表达式 X+1>X 是（   ）。

    A．算术表达式   B．非法表达式   C．字符串表达式   D．关系表达式

21．不能作为容器的对象是（   ）。

    A．窗体   B．框架   C．图片框   D．图像框

22．窗体的 BackColor 属性用于设置窗体的（   ）。

    A．高度   B．亮度   C．背景色   D．前景色

23．窗体模块保存在一个扩展名为（   ）的文件中。

    A．.bas   B．.cls   C．.frm   D．.bmp

24．如有数组声明语句 Dim a(2,–3 to 2,4)，则数组 a 包含元素的个数是（   ）。

    A．40   B．75   C．12   D．90

25．若 x 是一个正实数，对 x 的第 3 位小数四舍五入的表达式是（   ）。

    A．0.01*Int(x+0.005)   B．0.001*Int(1000*(x+0.005))

    C．0.01*Int(100*(x+0.05))   D．0.01*Int(x+0.05)

26．确定一个窗体大小的属性是（   ）。

    A．Width 和 Height   B．Width 和 Top   C．Top 和 Left   D．Top 和 Height

二、填空题

1. 图像框的_____属性决定图片是否可以伸缩。

2. 图像框可以在运行阶段通过_____函数装入图形文件。

3. 定时器每隔一定的时间间隔就产生一次_____事件。

4. 使用_____属性设置定时器是否可用。

5. 如果要使图片框能够根据图形大小来自动调整，那么应将 AutoSize 属性设为_____。

6. 假设有一个复选框控件，名为 Check1，在程序中，我们用"check1.value=1"语句设置 Value 属性的值，则该程序执行后，复选框处于_____状态。

7. 激活属性窗口的快捷键是_____。

8. 下列程序的执行结果是_____。

```
A=75
If a>60 Then
I=1
ElseIf a>70 Then
I=2
ElseIf a>80 Then
I=3
ElseIf a>90 Then
I=4
EndIf
PrintI
```

9. 下列程序段的运行后，t 的值为_____。

```
Dimt,kassingle
k=5:t=1
doWhile k>=-1
t=t*k:K=K-1
loop
```

10. 执行语句"a=6=5"后，变量 a 的值为_____。

11. 下面程序段的输出结果是_____。

```
P=0:s=0
Do
p=p+2
s=s+p
LoopWhile p<11
Print "s="&s
```

12. 下面程序段的输出结果是_____。

```
For X=1.5 To 5 Step 5
PrintX;
NextX
```

13. 执行下面的程序段后，s 的值为_____。

```
S=5
For I=2.6 To 4.9 Step 0.6
s=s+1
Next I
```

14. 表达式 Fix(−32.68)+Int(−23.02)的值为_____。

15. 在窗体中添加一个命令按钮,然后编写如下事件过程:

```
Private Sub Command1_Click()
a=InputBox("请输入一个整数")
b=InputBox("请输入一个整数")
Print a+b
End Sub
```

程序运行后,单击命令按钮,在输入对话框中分别输入 321 和 456,输出结果为____。

16. 执行下面的程序段后,b 的值为_____。

```
A=300:b=20
a=a+b:b=a-b:a=a-b
```

17. VB 的对象是_____和_____的总称。

三、实践题

1. 程序运行后,在 4 个文本框中各输入一个整数,然后单击命令按钮,即可调用过程 FindMin 求数组的最小值,并在窗体中显示出来,如图 6-13 所示。

要求:把程序中的?改为正确的内容,使其实现上述功能,但不能修改程序中的其他部分。

图 6-13　求数组最小值

```
Private Function FindMin(a() As Integer)
    Dim Start As Integer
    Dim Finish As Integer, i As Integer
    'Start = ? (a)
    'Finish = ? (a)
    ''Min = ? (Start)
    For i = Start To Finish
    'If a(i) ? Min Then Min = ?
    Next i
    FindMin = Min
    End Function
    Private Sub Command1_Click()
    Dim arr1
    Dim arr2(4) As Integer
    arr1 = Array(Val(Text1.Text), Val(Text2.Text), Val(Text3.Text),
    Val(Text4.Text))
    For i = 1 To 4
    arr2(i) = CInt(arr1(i))
    Next i
```

```
    'M = FindMin(?)
    Print "最小值是："; M
End Sub
```

2．设计一个简单的滚动字幕，使一个写有"Visual Basic"的标签在窗体中从左向右移动，标签碰到窗体的右边框就弹回来，字体颜色随机变化。

3．设计一个改变图片大小的程序，在窗体中添加一个图像框控件用于显示图片，设置一个"点击图片变大"命令按钮，一个"点击图片变小"命令按钮，界面如图 6-14 所示。

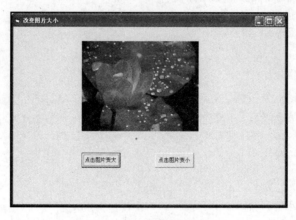

图 6-14　程序运行界面

菜单的应用——设计我的记事本

你知道吗?

程序功能设计完成之后，需要为这些功能提供一个操作入口。如果把所有的命令都做成按钮的形式部署在程序界面上，界面就会显得复杂且不美观。现有的应用程序，大多使用菜单栏、工具栏的形式，为各项功能提供一个统一、集中、规范的操作入口，并提供一个状态栏，让用户能够更加快速地了解当前需要用户关注的一些状态。

应用场景

在 Windows 的各种应用软件中常常用到菜单栏、工具栏和状态栏，在程序中加上菜单，可以使程序更加规范和专业；工具栏为用户提供了对于应用程序中最常用的菜单选项的快速访问，增强了应用程序菜单系统的可操作性；状态栏主要用于显示应用程序的各种状态信息。

背景知识

菜单栏实际是一种树形结构，为软件的大多数功能提供功能入口。菜单栏中包含菜单选项，选择对应选项即可调用相应功能。工具栏即 Toolbar，顾名思义，就是在一个软件程序中，综合各种工具，让用户方便使用的一个区域。工具栏是显示位图式按钮行的控制条，位图式按钮用来执行命令。单击工具栏中按钮相当于选择菜单中选项；如果某个菜单中选项具有和工具栏按钮相同的 ID，那么使用工具栏按钮将会调用映射到该菜单中选项的同一个处理程序。工具栏按钮可以配置，使其在外观和行为上表现为普通按钮、单选按钮或复选框。状态栏的主要功能是显示当前所打开窗口或软件的状态。例如，最简单的窗口，如以"我的电脑"为例，在状态栏上左侧会显示当前窗口共有几个对象，右侧会显示所打开的位置；如果打开的是程序，如 Word，启动程序后在状态栏可以看到当前光标位于第几行第几列，本文档共有几页，当前光标在第几页，当前的编辑状态是改写状态或是插入状态等。

设计思路

设计我的记事本，界面如图 7-1 所示，要求能够新建、打开、编辑、保存文件，并提供复制、剪切、粘贴、删除、设置字体及颜色等编辑功能。程序的各主菜单、子菜单及功能说明如表 7-1 所示。

表7-1 "我的记事本"菜单功能

菜 单 名	子 菜 单	菜单的功能
文件	新建	新建文本文件
	打开	使用通用对话框打开文本文件
	保存	保存文本文件
	退出	关闭程序，如果文本框文本未保存，应提示
编辑	剪切	剪切选中的文本
	复制	复制选中的文本
	粘贴	将剪贴板中的内容粘贴到指定位置
	删除	删除选中的文本
设置	设置字体	打开通用对话框设置文本字体
	设置颜色	打开通用对话框设置文本颜色

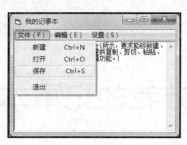

图7-1 程序运行界面

任务7.1 创建用户界面

7.1.1 掌握菜单的基本概念

菜单是应用程序的重要组成部分，菜单的作用是组织和调用应用程序中的各个程序模块，菜单应该具备以下3个特性。

（1）要有说明性，让用户对应用系统程序的各个功能有所了解。

（2）要有可选择性，让用户能够选择操作。

（3）要有可操作性，用户选定某一选项后就能实现相应的功能。

因此，一个高质量的菜单，会对整个应用系统程序的管理、操作、运行带来很多便利。利用 VB 提供的菜单编辑器能够很方便地建立程序的菜单系统。

从图 7-2 中可以看到，**菜单编辑器**对话框分为以下3 个区域。

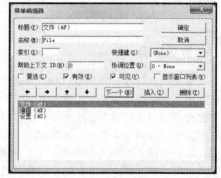

图 7-2 菜单编辑器

1．属性区

（1）属性区用来对菜单选项进行属性设置。其中常用属性如表 7-2 所示。

表 7-2 "菜单编辑器"常用属性

属 性 名	属 性 值	说 明
标题（Caption）	字符型	菜单选项上显示的字符串
名称（Name）	字符型	菜单选项的控件名称，在编写代码时，用于识别控件
索引	整型	如果菜单选项是控件数组的一个元素，就应该设置索引值，来指定该菜单选项在数组中的下标
快捷键	字符型	指定菜单选项的快捷键

属 性 名	属 性 值	说　　　明
复选	逻辑型	是否允许在菜单选项的左边设置复选标记
有效	逻辑型	指定菜单选项是否可操作
可见	逻辑型	设置在菜单中是否显示该菜单选项
显示窗口列表	逻辑型	在多文档（MDI）程序中，指定是否包含一个打开的 MDI 子窗口列表

虽然菜单系统是一个整体，但每一个菜单选项相当于一个控件，也就是说在**菜单编辑器**中包含多个控件，每一个控件都有自己的名称，对每一控件需要分别进行属性的设置。当然，在程序中，也要分别对每个菜单选项编写相应的代码。在设计阶段，对属性的设置只能通过**菜单编辑器**进行，在程序运行过程中，可以通过语句改变属性的值。

2．编辑区

编辑区有 7 个按钮，用来对输入的菜单选项进行编辑。

（1）→按钮：每单击一次该按钮，产生 4 个点（····），称为内缩符号，用来确定菜单选项的层次。每单击一次把选定的菜单下移一个等级。

（2）←按钮：每单击一次把选定的菜单上移一个等级。

（3）↑按钮：每单击一次把选定的菜单在同级菜单中向上移动一个位置。

（4）↓按钮：每单击一次把选定的菜单在同级菜单中向下移动一个位置。

（5）**下一个按钮**：开始一个新的菜单选项。

（6）**插入按钮**：在当前选定的菜单选项前面插入一个新的菜单选项。

（7）**删除按钮**：删除当前选定的菜单选项。

4 个点表示一个内缩符号，为第一级子菜单，如果单击向右的箭头按钮两次，就会出现两个内缩符号（8 个点），为第二级子菜单，以此类推。单击←按钮，内缩符号便会消失。

3．显示区

输入的菜单选项在此处显示出来。该区域显示所有已创建的菜单选项，高亮光条所在的菜单为当前菜单选项，并通过内缩符号指明了它们的层次。一个菜单选项的下一级菜单被称为子菜单，在 VB 6.0 中创建的菜单，最多包含四级子菜单。

7.1.2　创建菜单

1．新建工程

新建一个工程，将窗体的 **Caption** 属性值设置为**我的记事本**。

2．打开菜单编辑器

打开菜单编辑器，有以下 3 种方法。

（1）选择工具→**菜单编辑器**选项。

（2）单击工具栏中的**菜单编辑器**按钮。

（3）右击窗体对象，在弹出的快捷菜单中选择**菜单编辑器**选项。

3．创建主菜单

（1）在打开的**菜单编辑器**对话框中，设置主菜单文件的相关属性。

在**标题（P）**框中输入**文件（&F）**后会看到，**菜单编辑器**的显示区会同步显示刚才输入的内容。其中 **F** 键是该菜单的访问键，运行时，按 **Alt+F** 组合键就可以打开文件菜单。

使某一字符成为该菜单选项的访问键，可以用**&+访问字符**的格式。运行时，访问字符的下面会自动加上一条下画线，**&**字符则不可见。

（2）单击下一个按钮，出现新的空白属性区。按照（1）的方法，根据表 7-3 依次创建**编辑**和**设置**主菜单。此时，主菜单设计完成。

表7-3　主菜单属性设置

菜 单 选 项	"标题（P）"属性	"名称（M）"属性	"内缩符号"属性
主菜单 1	文件（&F）	File	
主菜单 2	编辑（&E）	Edit	
主菜单 3	设置（&S）	Set	

4．创建子菜单

（1）选择显示区第二行的主菜单**编辑（&E）**选项。

（2）单击编辑区中的**插入**按钮，这时在**编辑（&E）**前插入了一个空行。

（3）在属性区单击**标题（P）**并在其中输入第一个子菜单选项的标题**新建**。

（4）单击**名称（M）**并在其中输入第一个子菜单选项的名称**FileNew**。

（5）单击编辑区中的**→**按钮，菜单选项中**新建**两个字前加入内缩符号，**新建**被缩进，表示它是从属于**文件（&F）**的子菜单选项。

（6）为**新建**菜单指定快捷键，单击**快捷键（S）**的下拉列表框，其中列出了可供选择的快捷键组合。选择 **Ctrl+N** 作为**新建**的快捷键。在显示区，**Ctrl+N** 组合键就出现在菜单中。

在运行时，使用快捷键可以大大提高选取命令的速度。按快捷键时，会马上执行相应的菜单选项。

设置快捷键要注意：尽可能按照 Windows 的习惯设置，以符合平时的操作习惯；不要设置太多的快捷键，快捷键过多，不便于记忆，达不到设置快捷键的目的。

（7）按照步骤（1）～步骤（6）的方法，根据表 7-4～表 7-6 依次创建**文件**、**编辑**和**设置**主菜单下的各项子菜单。

表7-4　"文件（&F）"的子菜单属性设置

"文件（&F）"的子菜单	"标题（P）"属性	"名称（M）"属性	"快捷键（S）"属性	"内缩符号"属性
子菜单 1	新建	FileNew	Ctrl+N	····
子菜单 2	打开	FileOpen	Ctrl+O	····
子菜单 3	保存	FileSave	Ctrl+S	····
子菜单 4	—	FileBar		····
子菜单 5	退出	FileExit		····

表7-5　"编辑（&E）"的子菜单属性设置

"编辑（&E）"的子菜单	"标题（P）"属性	"名称（M）"属性	"快捷键（S）"属性	"内缩符号"属性
子菜单 1	剪切	EditCut	Ctrl+X	····
子菜单 2	复制	EditCopy	Ctrl+C	····
子菜单 3	粘贴	EditPaste	Ctrl+V	····
子菜单 4	删除	EditDelete		····

表 7-6　"设置（&S）"的子菜单属性设置

"设置（&S）"的子菜单	"标题（P）"属性	"名称（M）"属性	"索引（X）"属性	"内缩符号"属性
子菜单 1	设置字体	Setting	0	……
子菜单 2	设置颜色	Setting	1	……

表 7-6 将**设置（&S）**的子菜单定义成了一个控件数组，它们的**名称**都是 **Setting**，需要设置**索引**属性来区分不同的子菜单选项。菜单选项可以是单独的控件，也可以是控件数组。

5．添加分隔符

现在需要在**保存**和**退出**两个子菜单选项中间加一个分隔条。操作过程与建立一个菜单选项相同。

（1）在**菜单编辑器**中，选择**退出**子菜单选项。

（2）单击**插入**按钮，可以看到在**退出**选项的上面添加了一行，并自动加入了一个内缩符号。

（3）在**标题（P）**文本框中输入一个减号（—）。

（4）在**名称（M）**文本框中为这个减号命名 **FileBar**。

分隔线必须设置**名称（M）**属性，否则运行时会出错。分隔线本身不是菜单选项，它仅仅起到分隔菜单选项的作用。它不能带有子菜单，不能设置**复选**、**有效**等属性，也不能设置快捷键。

菜单的设置界面如图 7-3 所示。

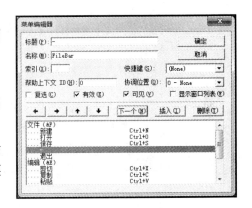

图 7-3　菜单编辑器

根据上面的步骤创建菜单，先创建主菜单，再创建子菜单。

另一种创建方法如下：在创建完第一个主菜单后，直接单击下一个按钮，输入子菜单的相关属性，按内缩符号即可，其他子菜单照此操作。如果有多级子菜单，第二级子菜单应该有两个内缩符号。第一个主菜单及所属的子菜单全部创建好后，再创建第二个主菜单及其下的子菜单，以此类推。

7.1.3　添加其他控件

（1）在窗体中添加 1 个**文本框**。

（2）在窗体中添加 1 个**通用对话框**控件。

任务 7.2　设置界面属性

菜单选项的属性在创建菜单时已经设置完成，下面只需要按照表 7-7 来设置**文本框**和**通用对话框**的属性即可。

表7-7 "文本框"和"通用对话框"的属性设置

控 件	"名称"属性	"Text"属性	"MultiLine"属性	"ScrollBars"属性
文本框	Text1	清空	True	2-Vertical
通用对话框	CommonDialog1			

任务 7.3 编写事件代码

前面提到，菜单选项就是控件，要让菜单控件实现某个功能，就需要为它编写代码。菜单控件只有一个 **Click** 事件。单击菜单选项或用键盘选中其后按 **Enter** 键时触发该事件，除分隔符以外的所有菜单控件都能识别 Click 事件。

7.3.1 声明变量并编写初始化代码

（1）打开代码窗口，在左下拉列表框中选择**通用**，右下拉列表框中选择**声明**，声明窗体级变量 **flag**。

```
Dim flag As Integer
```

flag 用来作为状态变量，主要在选择**退出**选项时使用。其用法如下：

① 如果是下面几种情况之一，就将 flag 置为 **1**：只加载了窗体、只打开了文本文件、执行了保存操作。

这几种情况说明文本文件没有修改，或者修改后已经保存了，所以单击**退出**按钮时可以直接关闭程序。

② 如果修改了文本框的文本，就将其置为 **0**。单击**退出**按钮时，会打开消息对话框，提醒用户保存已修改的内容。

（2）编写 Form_Load 事件代码。

```
Private Sub Form_Load()
    flag= 1
End Sub
```

初始化 flag 变量。

（3）编写 Text1_Change 事件代码。

```
Private Sub Text1_Change()
    flag = 0
End Sub
```

文本框的文本发生了改变，将 flag 置为 **0**。

7.3.2 为"文件"的下拉菜单编写代码

（1）为**新建**菜单选项编写事件代码。

```
Private Sub FileNew_Click()
    Dim filename As String
    CommonDialog1.Filter = "文本文件|*.txt"
    CommonDialog1.InitDir = "c:\"
    CommonDialog1.DefaultExt = ".txt"
    If MsgBox("是否保存该文件", 4, "选择框") = vbYes Then
        CommonDialog1.ShowSave
        filename = CommonDialog1.filename
        Open filename For Output As #1
        Print #1, Text1.Text
        Close #1
    End If
        Text1.Text = ""
End Sub
```

第2~4行用于设置通用对话框的属性。If语句的作用：在新建文件以前，先确认是否保存当前文件，如果选择是，则打开保存对话框，完成保存操作。最后一行语句将文本框清空，以实现新建。

（2）为打开菜单选项编写事件代码。

```
Private Sub FileOpen_Click()
    Dim filename As String
    Dim s1 As String
    CommonDialog1.Filter = "文本文件|*.txt"
    CommonDialog1.ShowOpen
    filename = CommonDialog1.filename
    Text1.Text = ""
    Open filename For Input As #1
    Do While Not EOF(1)
        Line Input #1, s1
        Text1.Text = Text1.Text + s1 + vbCrLf
    Loop
    Close #1
    flag = 1
End Sub
```

（3）为保存菜单选项编写事件代码。

```
Private Sub FileSave_Click()
    Dim filename As String
    CommonDialog1.Filter = "文本文件|*.txt"
    CommonDialog1.ShowSave
    filename = CommonDialog1.filename
    Open filename For Output As #1
    Print #1, Text1.Text
    Close #1
    flag = 1
End Sub
```

（4）为**退出**菜单选项编写事件代码。

```
Private Sub FileExit_Click()
    If flag = 0 Then
        res = MsgBox("未保存已修改的文本,保存吗? ", vbYesNo, "提示")
        If res = vbNo Then
            End
        End If
    Else
        End
    End If
End Sub
```

如果已修改的文本在退出以前没有保存，会打开一个消息对话框询问是否保存，但是本段代码中没有包含保存的代码，只能提醒用户保存，需要时还要选择**保存**选项才能实现。当然，也可以尝试在本段代码中增加实现保存的代码。

7.3.3 为"编辑"的下拉菜单编写代码

1. 了解剪贴板的使用

在 Windows 的应用程序中，大家最熟悉的编辑应该是**剪切**、**复制**和**粘贴**。实际上，这几项操作是借助**剪贴板**完成的。剪贴板是内存中的一部分区域，可以暂时保存文本和图形。所有的 Windows 应用程序都能使用（共享）剪贴板中的信息。

在 VB 程序中，与剪贴板有关的操作是通过 **Clipboard** 对象实现的。通过该对象可以实现不同的应用程序或控件间的数据共享。因此，可利用它进行文本或图形的复制、剪切和粘贴。

我们约定，把提供数据的对象称为**源**，从剪贴板中取出的数据最终放置的地方称为**目标**。

从**源**上取数据（复制或剪切）时，使用 Clipboard 对象的 **SetText** 方法或 **SetData** 方法。其中 SetText 方法用于读取文本数据，SetData 方法用于读取非文本数据。

把 Clipboard 对象上的数据放到**目标**对象上（粘贴）时，应使用 **GetText** 方法或 **GetData** 方法。GetText 方法用于文本数据的操作，GetData 方法用于非文本数据的操作。

如果要使程序适应各种对象之间的粘贴操作，应先利用 **Screen** 对象（屏幕对象）确定当前的操作对象。

2. 编写事件代码

（1）为**复制**菜单选项编写事件代码。

```
Private Sub EditCopy_Click()
    Clipboard.Clear
    If TypeOf Screen.ActiveControl Is TextBox Then
        Clipboard.SetText Screen.ActiveControl.SelText
    End If
End Sub
```

第一行语句的作用是利用 Clear 方法清空剪贴板，因为剪贴板是系统资源，其中可能已经存放了从其他地方复制的内容。

If 语句首先判断当前控件的类型是否是文本框，其中 Screen.ActiveControl 表示屏幕对象 Screen 中的当前激活的控件 ActiveControl。如果条件为真，就执行：

```
Clipboard.SetText Screen.ActiveControl.SelText
```

其功能如下：将屏幕上活动控件 Screen.ActiveControl（本例中即为文本框）中的选定文本 SelText 通过 SetText 方法放到剪贴板 Clipboard 中。

使用 Screen 对象编写剪贴板操作程序，可以不必指明具体的对象，而只针对当前激活的控件 ActiveControl 进行操作，使程序的通用性大大提高。

（2）为**剪切**菜单选项编写事件代码。

```
Private Sub EditCut_Click()
    Clipboard.Clear
    If TypeOf Screen.ActiveControl Is TextBox Then
        Clipboard.SetText Screen.ActiveControl.SelText
        Screen.ActiveControl.SelText = ""
    End If
End Sub
```

剪切的代码和**复制**的代码类似，区别在于把数据放到剪贴板以后，应把选中的文本清除干净，也就是说，剪切后，源数据不再保留，使用的语句如下：

```
Screen.ActiveControl.SelText = ""
```

（3）为**粘贴**菜单选项编写事件代码。

```
Private Sub EditPaste_Click()
    If Len(Clipboard.GetText) > 0 Then
        Screen.ActiveControl.SelText = Clipboard.GetText
    End If
End Sub
```

执行粘贴操作之前，应确认剪贴板中是否有数据，也就是通过 **Len** 函数计算 Clipboard.GetText（剪贴板中的文本）的长度，如果函数值>0，则说明剪贴板中有文本，就执行：

```
Screen.ActiveControl.SelText = Clipboard.GetText
```

其功能如下：将剪贴板中的文本送到屏幕上激活控件（文本框）的选定文本区。

如果窗体中有多种类型的控件使用 Screen.ActiveControl，则在使用时需要对不同类型的控件予以不同的处理。例如，若窗体中有文本框、列表框、组合框及图片框，则**复制**的代码应改为：

```
Private Sub  EditCopy_Click()
    Clipboard.Clear
    If TypeOf Screen.ActiveControl Is TextBox Then         ' 文本框
        Clipboard.SetText Screen.ActiveControl.SelText
    ElseIf TypeOf Screen.ActiveControl Is ComboBox Then    ' 组合框
        Clipboard.SetText Screen.ActiveControl.Text
    ElseIf TypeOf Screen.ActiveControl Is PictureBox Then  ' 图片框
```

```
        Clipboard.SetData Screen.ActiveControl.Picture
    ElseIf TypeOf Screen.ActiveControl Is ListBox Then              ' 列表框
        Clipboard.SetText Screen.ActiveControl.Text
    End If
End Sub
```

（4）为**删除**菜单选项编写事件代码。

```
Private Sub EditDelete_Click()
    Text1.SelText = ""
End Sub
```

删除与**剪切**的区别是：**删除**的内容不放入剪贴板。

（5）为**设置**的下拉菜单编写代码。

```
Private Sub Setting_Click(Index As Integer)
    If Index = 0 Then
        CommonDialog1.Flags = 1
        CommonDialog1.ShowFont
        Text1.FontName = CommonDialog1.FontName
        Text1.FontSize = CommonDialog1.FontSize
        Text1.FontBold = CommonDialog1.FontBold
        Text1.FontItalic = CommonDialog1.FontItalic
    End If
    If Index = 1 Then
        CommonDialog1.ShowColor
        Text1.ForeColor = CommonDialog1.Color
    End If
End Sub
```

因为**设置**所包含的两个菜单选项是控件数组，因此，选择任意一选项，都会触发 Setting_Click 事件代码。此时，需要通过 **Index** 值来判断执行其中的哪些代码。如果选择的是**设置字体**菜单选项，则 Index = 0，执行第一个 If 中的语句；如果选择的是**设置颜色**菜单选项，则 Index = 1，执行第二个 If 中的语句。

任务 7.4　设计"文本编辑器"

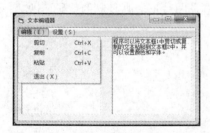

图 7-4　程序运行界面

窗体中包含两个文本框，界面如图 7-4 所示。程序可以将文本框 1 中**剪切**或**复制**的文本粘贴到文本框 2 中，并可以设置颜色和字体。

在该窗体中设计菜单，包括**编辑（E）**和**设置（S）**两项。其中，**编辑（E）**提供 Windows 中常用的**剪切**、**复制**和**粘贴**功能，**退出**选项也放于其中。**设置（S）**包括**设置颜色**和**设置字体**功能，要求实现菜单所指定的功能。

7.4.1 创建用户界面

1．创建菜单

按照表 7-8～表 7-10 来创建菜单并设置相关属性。

表 7-8　主菜单属性设置

菜　单　项	"标题（P）"属性	"名称（M）"属性	"内缩符号"属性
主菜单 1	编辑（&E）	mnuEdit	…
主菜单 2	设置（&S）	mnuSet	…

表 7-9　"编辑（&E）"的子菜单属性设置

"编辑(&E)"的子菜单	"标题（P）"属性	"名称（M）"属性	"快捷键（S）"属性	"内缩符号"属性
子菜单 1	剪切	mnuEditCut	Ctrl+X	…
子菜单 2	复制	mnuEditCopy	Ctrl+C	…
子菜单 3	粘贴	mnuEditPaste	Ctrl+V	…
子菜单 4	—	FileBar		…
子菜单 5	退出（&X）	mnuEditExit		…

表 7-10　"设置（&S）"的子菜单属性设置

"设置（&S）"的子菜单	"标题（P）"属性	"名称（M）"属性	"索引（X）"属性	"内缩符号"属性
子菜单 1	设置字体	mnuSetting	0	…
子菜单 2	设置颜色	mnuSetting	1	…

2．添加控件

添加 2 个文本框、1 个通用对话框。

7.4.2 设置界面属性

菜单的属性在创建菜单时就设置完成了，下面按照表 7-11 设置其他控件属性。

表 7-11　控件属性

控　　件	"名称"属性	"Text"/"Caption"属性	"MultiLine"属性
窗体	FrmMenu	文本编辑器	
文本框	txtT1	置空	True
文本框	txtT2	置空	True
通用对话框	CmDialog1		

7.4.3 编写事件代码

（1）编写 Form_Load 事件代码。

```
Private Sub Form_Load()
    Clipboard.Clear
    End Sub
```

（2）为**复制**菜单选项编写事件代码。

```
Private Sub mnuEditCopy_Click()
    If txtT1.SelLength > 0 Then
        Clipboard.SetText (txtT1.SelText)
    End If
End Sub
```

（3）为**剪切**菜单选项编写事件代码。

```
Private Sub mnuEditCut_Click()
    If txtT1.SelLength > 0 Then
        Clipboard.SetText (txtT1.SelText)
        txtT1.SelText = ""
    End If
End Sub
```

（4）为**粘贴**菜单选项编写事件代码。

```
Private Sub mnuEditPaste_Click()
    If Len(Clipboard.GetText) > 0 Then
        txtT2.SelText = Clipboard.GetText
    End If
End Sub
```

（5）为**退出**菜单选项编写事件代码。

```
Private Sub mnuEditExit_Click()
    End
End Sub
```

（6）为**设置**菜单选项编写事件代码。

```
Private Sub mnuSetting_Click(Index As Integer)
    If Index = 0 Then
        CmDialog1.Flags = 1
        CmDialog1.ShowFont
        txtT1.FontSize = CmDialog1.FontSize
        txtT2.FontSize = CmDialog1.FontSize
    End If
    If Index = 1 Then
        CmDialog1.ShowColor
        txtT1.ForeColor = CmDialog1.Color
        txtT2.ForeColor = CmDialog1.Color
    End If
End Sub
```

项目拓展　设计工具栏和状态栏

设计思路

在前面设计的**我的记事本**项目基础上，增加工具栏和状态栏，其中工具栏能够新建、打开、保存文件，并提供复制、剪切、粘贴等编辑功能；状态栏能够跟踪鼠标指针的坐标，显示系统日期和时间，并能显示某些控制键的状态。程序运行界面如图7-5所示。

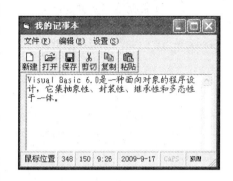

1．创建工具栏

1）工具栏和状态栏

工具栏包含一组图像按钮，是应用程序界面中常见的部分。它为用户提供了对最常用菜单选项的快速访问，增强了菜单系统的可操作性。工具栏可以看做菜单的快捷方式。状态栏通常位于窗体的底部，主要用于显示应用程序的各种状态信息。

图7-5　程序运行界面

为窗体添加工具栏，应使用工具条（Toolbar）控件和图像列表（ImageList）控件；为窗体添加状态栏，应使用状态栏（StatusBar）控件。它们都不是VB的内部控件，而是ActiveX控件，因此，在使用时必须将文件MSCOMCTL.OCX添加到工程中。

2）添加MSCOMCTL.OCX文件

（1）选择**工程→部件**选项，打开如图7-6所示的**部件**对话框。

（2）在**控件**选项卡中，选中 **Microsoft Windows Common Controls 6.0** 复选框。

（3）单击**确定**按钮，关闭**部件**对话框，则在工具箱中出现了 **ImageList** 控件、**Toolbar** 控件和 **StatusBar** 控件，如图7-7所示。

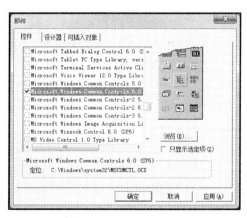

图7-6　**部件**对话框

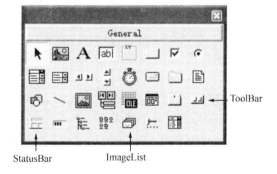

图7-7　添加控件后的 General 工具箱

3）创建 ImageList 控件

ImageList 控件的作用是存储图像文件，ImageList 控件不能独立使用，它需要 ToolBar 控件（或 ListView、TabStrip、Header、ImageCombo、TreeView 控件）来显示所存储的图像。

ImageList 控件的 ListImage 属性是对象的集合，每个对象可存放一个图像文件，图像文件类型有 BMP、CUR、ICO、JPG 和 GIF，并可通过索引或关键字来引用每个对象。

在窗体中添加 ImageList 控件，如图 7-8 所示。它默认的控件名称为 ImageListl，右击 ImageList 控件，在弹出的快捷菜单中选择属性选项，打开属性页对话框。对话框中有以下 3 个选项卡。

（1）通用选项卡：这里可以设置 ImageList 装载的图像的大小，一般的工具栏按钮选择的图像的大小为 16 像素×16 像素。

（2）图像选项卡：如图 7-9 所示，索引表示每个图像的编号，在 ToolBar 的按钮代码中可以引用；关键字表示每个图像的标识名称，在 ToolBar 的按钮代码中也可以引用；插入图片按钮的作用是向 ImageList 控件中添加图像，在图像选项卡中依次插入如图 7-9 所示的图片。这些图片在系统中的存放位置一般为 Microsoft Visual Studio\Common\Graphics\Bitmaps\T1Br_W95（可以通过搜索的方式来查找）；删除图片按钮的功能是将图像列表框中选定的图像移出 ImageList 控件。每个图像的属性如表 7-12 所示。

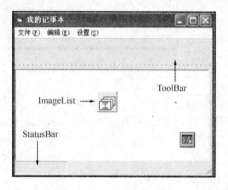

图 7-8　添加 ImageList、ToolBar 和 StatusBar 控件

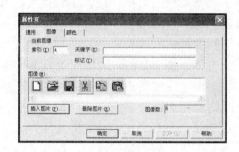

图 7-9　ImageList 控件的属性页对话框

表 7-12　ImageList 控件的"图像"属性

索　引	图片文件（BMP 文件）	索　引	图片文件（BMP 文件）
1	New	4	Cut
2	Open	5	Copy
3	Save	6	Paste

（3）颜色选项卡：设置 ImageList 控件对象与颜色相关的属性。

4）创建 ToolBar 控件

使用 ToolBar 控件创建的工具栏中可以有多个按钮，如果要在按钮上显示图像，则这些图像来自 ImageList 对象中插入的图片。

在窗体中添加 ToolBar 控件，如图 7-8 所示。其默认名称为 **Toolbar**，右击 **Toolbar**，在弹出的快捷菜单中选择属性选项，打开 ToolBar 的属性页对话框。对话框中有以下 3 个选项卡。

（1）通用选项卡：其中，在图像列表下拉列表框选择 ImageList1 控件，目的是使 ToolBar 控件与 ImageList 控件关联起来。当 ImageList 控件与 ToolBar 控件关联后，就不能再对 ImageList 控件进行编辑，若要对 ImageList 控件进行编辑，则必须先将其与 ToolBar 控件的连接断开；可换行的复选框表示工具栏的长度不能容纳所有按钮时是否换行显示，若不选中该复选框，则不能容纳的按钮不显示。

（2）**按钮**选项卡：工具栏中的按钮在此进行设计，其中包含了各个按钮的主要属性。如图 7-10 所示，**索引**利用**插入按钮**按钮给每个工具栏按钮进行编号，在 ButtonClick 事件中可以引用；**标题**表示在每个按钮上显示的文字；**关键字**表示每个按钮的标识名称，在 ButtonClick 事件中可以引用；**工具提示文本**用来设置当鼠标指针在按钮上暂停时出现的提示信息；**图像**用来指定按钮上显示的 ImageList 控件中的图像，应该分别与 ImageList 控件中的图像的索引值或者关键字值相对应；**按钮菜单**选项组中的属性当按钮样式为 **5-tbrDropdown** 时为按钮设计下拉菜单。在**按钮**选项卡中按表 7-13 所示插入按钮，完成后的窗体如图 7-11 所示。

图 7-10　ToolBar 控件的**属性**页对话框　　　　　图 7-11　设计界面

表 7-13　ToolBar 控件的"按钮"属性

索 引	标 题	工具提示文本	图 像	索 引	标 题	工具提示文本	图 像
1	新建	新建	1	4	剪切	剪切	4
2	打开	打开	2	5	复制	复制	5
3	保存	保存	3	6	粘贴	粘贴	6

（3）**图片**选项卡：设置 ToolBar 控件对象与图片相关的属性设置。

2．创建状态栏

下面的操作是在窗体中创建状态栏。状态栏通常位于窗体的底部，主要用于显示应用程序的各种状态信息。状态栏控件 StatusBar 由窗格组成，每个窗格可以显示相应的文本或图片，StatusBar 控件最多可以分成 16 个窗格。

在窗体中添加 StatusBar 控件，如图 7-8 所示，其默认名称为 StatusBar1，右击 StatusBar，在弹出的快捷菜单中选择**属性**选项，打开 StatusBar 控件的**属性**页对话框，其中有 4 个选项卡。

（1）**窗格**选项卡：如图 7-12 所示，**索引**用来对状态栏中的窗格进行编号；**文本**用来设置显示在窗格中的文本；

图 7-12　StatusBar 控件的**属性**页对话框

关键字用来设置窗格对象的标识；**最小宽度**用来设定窗格的宽度；**插入窗格**按钮可以在状态栏增加新的窗格；**浏览**按钮可向窗格中插入图片；**样式**用来指定系统提供的显示信息的样式，样式说明如表7-14所示。单击**插入窗格**按钮，依次在**窗格**选项卡中设置如表7-15所示的7个窗格，设置后的窗体界面如图7-11所示。

（2）其他选项卡的设置采用默认值。

表7-14 "窗格"选项卡的样式属性说明

属性值	符号常数	说　明
0	sbrText	默认值，表示窗格中可显示文本或图片，用"文本"属性设置文本
1	sbrCaps	判断 CapsLock 键状态
2	sbrNum	判断 NumberLock 键状态
3	sbrIns	判断 Insert 键状态
4	sbrScrl	判断 Scroll Lock 键状态
5	sbrTime	显示系统时间
6	sbrDate	显示系统日期

表7-15　各窗格主要属性设置

索　引	样　式	文　本	索　引	样　式	文　本
1	sbrText	鼠标位置	5	sbrDate	
2	sbrText		6	sbrCaps	
3	sbrText		7	sbrNum	
4	sbrTime				

3．为工具栏和状态栏编写事件代码

（1）为工具栏编写代码。

```
Private Sub Toolbar1_ButtonClick(ByVal Button As MSComctlLib.Button)
    Select Case Button.Index
        Case 1
            Call FileNew_Click
        Case 2
            Call FileOpen_Click
        Case 3
            Call FileSave_Click
        Case 4
            Call EditCut_Click
        Case 5
            Call EditCopy_Click
        Case 6
            Call EditPaste_Click
    End Select
End Sub
```

ToolBar 控件的常用事件有两个：一个是工具栏中按钮的 **ButtonClick** 事件；另一个是菜

单选项的 **ButtonMenuClick** 事件。在 VB 中，**ToolBar** 控件中的按钮是用控件数组来管理的，按钮控件的**索引**（Index）属性或者是**关键字**（Key）属性都可以作为区分按钮的标识，一般使用 **Select Case** 语句来处理。因为工具栏的按钮功能和相应的菜单选项的功能是一样的，所以可以直接调用菜单事件代码，而不需要重新编写代码。

（2）为状态栏编写代码。

```
Private Sub Text1_MouseMove(Button As Integer, Shift As Integer, X As Single, Y As Single)
    Form1.StatusBar1.Panels(2).Text = X
    Form1.StatusBar1.Panels(3).Text = Y
End Sub
```

状态栏的不同窗格对象代表了不同的功能，有些窗格功能系统已经具备，如 sbrDate 和 sbrTime 属性窗格，有些窗格对象的功能取决于应用程序的状态和各控制键的状态，这就要通过的编写代码在应用程序运行时实现。

本任务要求当鼠标指针在文本框中移动时，在状态栏的第二个窗格和第三个窗格分别显示鼠标指针的 X 坐标和 Y 坐标的值。因此。需要为 Text1 控件的 MouseMove 编写代码。其中，Panels（2）和 Panels（3）分别表示状态栏的第二个窗格和第三个窗格。

知识拓展

早期的工具栏样式和功能由程序员定义，因此带按钮的工具栏与一排按钮没什么区别。大部分现代程序和操作系统，允许终端用户根据个人需要自定义工具栏，对工具栏中的按钮等项目进行添加、删除和调整位置。例如，GNOME 和 KDE 桌面环境的皮肤就是很好的自定义工具栏，这些皮肤的功能从应用程序的可扩展菜单，到按钮、窗口列表、通知区域、时钟和资源监控，再到音量控制及天气预报控件等。

课后练习与指导

一、选择题

1. 用 InputBox 函数可帮助生成（　　）。

 A．消息框   B．保存对话框   C．简单输入框   D．颜色对话框

2. （　　）对象不能响应 Click 事件。

 A．列表框   B．图片框   C．窗体   D．计时器

3. 17 mod 3 的运算结果是（　　）。

 A．0.5   B．1   C．1.5   D．2

4. 变量 X=32769，则变量声明时不能将其声明为（　　）。

 A．Integer   B．Variant   C．Long   D．Single

5. 表达式 2*3^2+2*8/4+3^2 的值为（　　）。

 A．64   B．31   C．49   D．22

6. 复选对象是否被选中，是由其（　　）属性决定的。

    A．Checked   B．Value   C．Enabled   D．Selected

7. 没有 Caption 属性的控件是（　　）。

    A．Label   B．OptionButton   C．Frame   D．ListBox

8. 下列符号是 VB 中合法变量名的是（　　）。

    A．IF   B．7AB   C．A[B]7   D．AB_7

9. 使窗体自动向下移动的语句是 Move（　　）。

    A．Left, Top+100   B．Top+100   C．Top+100   D．Top=Top+100

10. RGB 函数通过红、绿、蓝三基色混合产生某种颜色，其语法为 RGB（红、绿、蓝），括号中红、绿、蓝三基色的值为 0～255 之间的整数。若使用 3 个滚动条分别输入 3 种基色，为保证输入数值有效，则应设置（　　）属性。

    A．Max 和 Min   B．SmallChange 和 LargeChange

    C．Scroll 和 Change   D．Value

11. （　　）控件可以使用 SetFocus()方法。

    A．Frame   B．Label   C．TextBox   D．Timer

12. 单击滚动条边上的箭头按钮移动的大小由（　　）设定。

    A．Change   B．SmallChange   C．Scroll   D．Tabstop

13. 下列程序段的执行结果为（　　）。

```
N=0:J=1
Do Until  N>2
N=N+1
J=J+N*(N+1)
Loop
Print N;J
```

    A．0 1   B．3 7   C．3 21   D．3 13

14. 下列程序段的执行结果为（　　）。

```
X=6
For K=1 To 10 Step -2
X=X+K
Next K
Print K;X
```

    A．-1 6   B．-1 16   C．1 6   D．11 31

15. 下列程序段的执行结果为（　　）。

```
K=0
For J=1 to 2
For I = 1 to 3
K =I+1
Next I
For I = 1 to 7
K = K+1
```

```
Next I
Next J
Print K
```

　A. 10　　　　　　B. 6　　　　　　C. 11　　　　　　D. 16

16. 下列程序段的执行结果为（　　　）。

```
M=0
For I=1 To 3
For J =5 To 1 Step-1
N = N+1
Next J,I
Print N;J;I
```

　　A. 12 0 4　　　　B. 15 0 4　　　　C. 12 3 1　　　　D. 15 3 1

17. 下列程序段运行后，输出结果是（　　　）。

```
B=1
Do until b>7
b=b*(b+1)
Loop
Print b
```

　A. 7　　　　　　B. 39　　　　　　C. 42　　　　　　D. 1

18. 下列程序共执行了（　　　）次循环。

```
Dim intsum As Integer
Dim I As Integer
Dim j As Integer
For I=1 To 10 Step 2
For j=1 To 5 Step 2
intsum=intsum+j
Next j
Next I
```

　A. 10　　　　　　B. 20　　　　　　C. 25　　　　　　D. 15

19. x 是小于 100 的非负数，则用 VB 表达式表达正确的是（　　　）。

　A. 0　　　　B. 0<=x<100　　　C. x>=0 AND x<100　　D. 0<=x OR x<100

20. 15.5\2 的结果是（　　　）。

　A. 1　　　　　　B. 1.5　　　　　　C. 7　　　　　　D. 8

21. 19.5 Mod 2*2 的运算结果是（　　　）。

　A. 3.5　　　　　B. 1　　　　　　C. 3　　　　　　D. 0

二、填空题

1. 如果要为某个菜单选项设计分隔线，则该菜单选项的标题应设置为＿＿＿＿＿＿＿。

2. 菜单中的"热键"可通过在热键字母前插入＿＿＿＿＿＿＿符号实现。

3. 菜单选项对象的＿＿＿＿＿＿＿属性控制菜单选项是否变灰（失效）。

4. 菜单控件只有一个事件，它是＿＿＿＿＿＿＿事件。

5. 调用弹出式菜单要使用的方法名称是＿＿＿＿＿＿＿。

6. 使用菜单编辑器设计菜单时，必须输入的有 Caption 和_____。

7. VB 中的菜单可分为弹出式菜单和_____菜单。

8. 图片框的默认属性为_____（提示：该题只填写英文，如 Name 事件，只写 Name 即可）。

9. 滚动条响应的重要事件有_____和_____（提示：该题只填写英文，如 Click 事件，只写 Click 即可）。

10. 下列程序段执行后 x 的值是_____。

```
X=100:y=50
If x>y then x=x-y
  else x=x+y
```

11. 表达式 32/2^3–3*2^2+4^2 的值是_____。

12. 下列程序用来将变量 X、Y 的值互换，请补充完程序（提示：该题答案中不要出现空格）。T=Y:_____:X=T

13. 有如下程序，该程序的运行结果是_____。

```
A=20:b=10
printa>b
```

14. 表达式 15+3*3/9*5\5mod10 的值是_____。

15. 有如下程序，该程序运行结果是_____。

```
Private Sub Command1_Click()
I="AAAAAA"
Mid(I,4,3)="BBB"
Print I
End Sub
```

16. 设有数组定义语句：dim M(–2to1) as string，该语句定义的数组 M 中包含____个元素。

17. 设有数组声明语句：Option base 1 dim A(3,–2 to 1)，则数组 A 中有_____个元素。

18. 设有数组定义语句：dim I(99,99) as Integer，则数组 I 中共包含_____个元素。

三、实践题

1. 窗体中有一个标签，显示一段文字；一个图片框，显示一幅图片。在窗体中建立菜单，菜单栏中有**查看**和**文本**两个菜单。其子菜单内容如图 7-13 和图 7-14 所示。

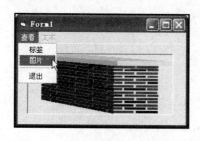

图 7-13　显示图片

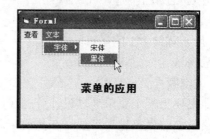

图 7-14　显示标签

选择**查看**→**标签**选项，可隐藏图片框，并显示标签中的文本。若选择**文本**→**字体**选项，可继续选择字体的名称，并按所选的字体类型设置标签中的字体。选择**查看→图片**选项，可隐藏标签，在图片框中显示一幅图片，同时**文本**菜单为不可用（灰色）。

2．在窗体中建立弹出式菜单，窗体如图 7-15 所示。选中某种字体后，使标签中的文本字体随之变化。

3．按如图 7-16 所示界面建立窗体。单击**显示在左侧**按钮时，在窗体左侧弹出菜单；单击**显示在右侧**按钮时，在窗体右侧弹出菜单。

图 7-15　弹出式菜单

弹出式菜单中有两个菜单选项，即关于和退出。选择关于选项时，打开**关于弹出菜单**窗口，如图 7-17 所示。

图 7-16　运行界面

图 7-17　关于弹出菜单窗口

文件系统——设计学生成绩查询系统

你知道吗?

文件系统是一种用于向用户提供底层数据访问的机制。它将设备中的空间划分为特定大小的块(扇区)。数据存储在这些块中,大小被修正为占用整数个块。由文件系统软件来负责将这些块组织为文件和目录,并记录哪些块被分配给了哪个文件,以及哪些块没有被使用。

所有的信息都以文件的形式交付文件系统进行存储。虽然存储设备多种多样,但文件系统为文件的管理提供了一个统一的接口。无论是磁带、光盘、硬盘、内存盘还是在网络中存储,对于用户来说都是无差别的、透明的。

应用场景

无论是以数据存档的形式,还是以配置文件的形式,大多数应用程序都需要通过数据的保存与读取实现业务逻辑的连续性,这些操作均涉及计算机中文件的读写。同时,应用程序与应用程序之间的信息传递有时也是以文件方式完成的,更有一部分应用程序其核心功能就是传递文件(如网络下载软件和局域网文件交互软件等)。计算机内文件的创建、保存、读取、修改和删除操作,均需要通过文件系统来完成。

背景知识

文件系统由 3 部分组成:与文件管理有关的软件、被管理文件以及实施文件管理所需的数据结构。从系统角度来看,文件系统是对文件存储器空间进行组织和分配,负责文件存储并对存入的文件进行保护和检索的系统。具体地说,它负责为用户建立、存入、读出、修改、转储文件,控制文件的存取,当用户不再使用时撤销文件。

设计思路

设计一个简单的学生成绩查询系统。具体要实现的功能如下:

(1)运行程序,打开如图 8-1 所示的窗口,其菜单栏结构如图 8-2 所示。

(2)**驱动器列表控件**中所选驱动器发生改变时,**文件夹列表控件**中所显示的文件夹名称也随之改变,**文件列表控件**中所显示的文件名称也随之改变。

(3)在对文件进行删除、剪切、复制、粘贴操作之前,必须在**文件列表**控件中选中 1 个源文件,否则打开如图 8-3 所示的**错误**提示对话框。

(4)对文件进行粘贴操作时,如果文件夹中已有该文件,则打开如图 8-4 所示的**覆盖文件**提示对话框,询问是否要覆盖原文件。

图 8-1　文件资源管理器界面　　图 8-2　菜单栏结构　图 8-3　**错误**提示对话框　图 8-4　**覆盖文件**提示对话框

（5）选中文件，按 Delete 键，实现文件的删除操作，并打开如图 8-5 所示的**删除文件**提示对话框，确定是否要删除所选文件。

（6）在文件列表中选中源文件后，选择**编辑→修改**选项（或双击文件名），打开学生信息修改窗口，并将所选文件中的内容显示在文本框中，如图 8-6 所示，其菜单栏结构如图 8-7 所示。

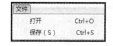

图 8-5　"删除文件"提示对话框　　　　图 8-6　学生信息修改　　　　图 8-7　文件菜单栏结构

（7）修改完成，选择**文件→保存**选项，将修改结果保存到所选文件中。

（8）选择**文件→打开**选项，打开所需修改的文件。

（9）单击学生信息修改界面右上角的**关闭按钮**，返回文件资源管理器窗体，如图 8-1 所示。

（10）在文件列表中选中文件后，选择**编辑→查看**选项，打开如图 8-8 所示的学生信息查看窗口。

（11）单击**新增成绩**按钮，清空文本框中的内容，如图 8-9 所示，可向所选文件中新增一个学生的成绩信息。

（12）单击**上一记录**按钮，则在相应的文本框中显示上一个学生的成绩信息。如果到达文件顶部，则打开如图 8-10 所示的**错误**提示对话框。

图 8-8　学生信息查看窗口

（13）单击**下一记录**按钮，则在相应的文本框中显示下一个学生的成绩信息。如果到达文件底部，则打开如图 8-11 所示的**错误**提示对话框。

（14）单击**查找**按钮，打开如图 8-12 所示的**查找**对话框，在对话框中输入学生的学号，便可以按学号查找学生的成绩信息。

（15）单击**返回**按钮，返回文件资源管理器窗口，如图 8-1 所示。

图 8-9　清空文本框中的内容　图 8-10　已到文件顶部　图 8-11　已显示完全部成绩　图 8-12　**查找**对话框

任务 8.1　设计文件资源管理器

8.1.1　设计文件资源管理器界面

设计如图 8-1 所示的文件资源管理器，该管理器不仅可以显示文件、文件夹及驱动器，还可以对文件进行复制、粘贴、删除等操作，但在进行这些操作之前，必须先选中文件。

1．文件及存储的概念

用 VB 6.0 所设计的程序，一般都是交互式的界面，既有数据的输入，又有数据的输出。前面几个项目所涉及的数据的输入和输出，只是通过键盘或鼠标完成输入，在显示器上完成输出，这些输入或输出随着程序的关闭而消失，不能够被永久保存。另外，如果输入的数据比较多，用键盘来输入数据很费时。使用文件来完成输入和输出，不仅可以永久性地保存输入和输出的数据，还可以一次性地完成大量数据的输入和输出。

所谓文件是指记录在外部介质上的数据的集合，通常存放在磁盘上，并且每个文件都有一个文件名。一个完整的文件名包括**主文件名**和**扩展名**两部分，主文件名是文件的**名称**，扩展名决定了文件的**类型**，如 **Forml.frm**，其中 **Forml** 为主文件名，**.frm** 为扩展名，表示该文件为窗体文件。由于每个文件在计算机上都有一个存储的地址，因此要访问或保存某个文件必须指明该文件的物理路径，其语法结构如下：

磁盘驱动器名：\文件夹 1\文件夹 2\……\文件名

其中，**磁盘驱动器名**用来指定文件所在的磁盘，**\文件夹 1\文件夹 2\……**用来指明文件所在的详细位置。例如，假设访问文件 **Forml.frm** 所需的路径为 **E:\资料\vb\Form1.frm**，其中 **E**表示磁盘 E，**资料**、**vb** 表示文件夹名。

与此相对应，VB 6.0 为用户提供了 3 个常用的控件：**驱动器列表控件**、**文件夹列表控件**和**文件列表控件**，如图 8-13 所示。这 3 个控件既可以单独使用，又可以组合起来使用。

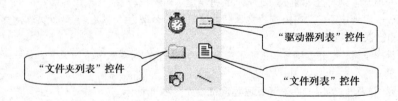

图 8-13　文件控件

2．设计界面

（1）新建一个工程，将工程命名为**学生成绩管理系统**并保存到文件夹中。

（2）向窗体中添加一个命令**按钮**控件、一个**驱动器列表**控件、一个**文件夹列表**控件、一个**文件列表**控件，调整控件大小及位置，如图 8-14 所示。

（3）选择工具→**菜单编辑器**选项，打开**菜单编辑器**对话框，按表 8-1 的顺序新建菜单。

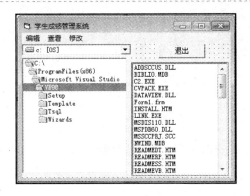

图 8-14　调整后的窗体

表 8-1　菜单的属性

属　　性	属　性　值	级　　别	属　　性	属　性　值	级　　别
标题	编辑	一级菜单	标题	剪切	二级菜单
名称	mnuEdit		名称	mnuCut	
标题	复制	二级菜单	快捷键	Ctrl+X	
名称	mnuCopy		标题	—	二级菜单
快捷键	Ctrl+C		名称	MnuBar	
标题	粘贴	二级菜单	标题	查看	二级菜单
名称	MnuPaste		名称	MnuCheck	
快捷键	Ctrl+V		标题	修改	二级菜单
			名称	MnuModi	

（4）单击**菜单编辑器**对话框中的**确定**按钮，生成菜单。

8.1.2　实现"驱动器列表"控件的显示功能

1．驱动器列表及其属性

驱动器列表控件是一个下拉组合框，用于选择驱动器。

驱动器列表控件除了一些共有属性之外，还有一个特殊的 **Drive** 属性。该属性用于设置或返回要操作的驱动器，用户可以通过设置该属性来改变默认的驱动器。由于 Drive 属性不显示在属性对话框中，因此只能通过代码来设置，其语法结构如下：

文件列表空间名.Drive="驱动器名"

在设置**驱动器名**时，不能将它设为不存在的驱动器名。例如，某台计算机的硬盘里只有 D、E、F 3 个驱动器，如果将 **Drive** 属性设为 **C**，则程序运行时便会出错。另外，在设置 **Drive** 属性时，驱动器名是不区分大小写的，即 **D** 和 **d** 是等价的。

2．实现控件的显示功能

（1）在**代码编辑器**窗口中的**通用/声明**中添加如下代码：

```
Dim  Sourfile  As  String      '用于保存源文件
Dim  DestFile  As  String      '用于保存目标文件
Dim  SureCopy  As  Integer     '用于控制是否选择"复制"或"剪切"选项
```

```
Dim  SureDell  As  Boolean       '用于控制是否删除文件
Dim  sfn  As  String             '用于保存被选中文件的文件名
```

（2）为窗体添加 Load 事件响应添加如下代码：

```
Private Sub Form_Load()
    Drive1.Drive = "C"
    SureCopy = 0
    SureDell = False
End Sub
```

（3）为退出按钮的单击事件添加如下代码：

```
Private Sub Command1_Click()
    End
End Sub
```

（4）运行程序，驱动器 C 便显示在驱动器控件中。

（5）单击**驱动器列表控件**右端的下拉按钮，打开其下拉列表框，这时所有有效的驱动器都在下拉列表框中显示。单击某个驱动器，该驱动器便显示在驱动器列表框中。

8.1.3 实现"文件夹列表"控件的显示功能

1. 文件夹列表

文件夹列表控件用于显示当前驱动器上的文件夹结构。**文件夹列表**控件在显示文件夹时，是有一定层次的，根目录显示在最上层，然后依次缩进显示各个层次的子目录。

由于**驱动器列表**控件是一个下拉组合框，因此和**组合框**控件一样，**Change** 事件是驱动器列表控件最常用的事件，但它不能响应任何鼠标事件。当驱动器列表框中的驱动器发生改变时，便会激发该事件。**文件夹列表**控件的显示功能是通过**驱动器列表**控件的 **Change** 事件激发的。

在**文件夹列表**控件中，双击某个文件夹便可以选中该文件夹，表示该文件夹被打开。当前被选中的文件夹，被**文件夹列表**控件的 **Path** 属性记录下来。Path 属性不仅可以用于返回当前被选中的文件夹，还可以用于设置当前被选中的文件夹，但只能通过代码来设置 Path 属性。例如，**Dir1.Path=Drive1.Drive**，便可用于设置文件夹列表的当前文件夹。

2. 实现控件的显示功能

（1）单击**工程管理器**窗口中的**查看对象**按钮，打开**窗体设计器**窗口。

（2）在窗体中双击驱动器列表，为**驱动器列表**控件添加 Change 事件，并在**代码编辑器**窗口中添加如下代码：

```
Private Sub Drive1_Change()
    Dir1.Path = Drive1.Drive
End Sub
```

（3）运行程序，在驱动器列表中显示驱动器 C，在文件夹列表框中显示 C 盘的根目录及第 1 层文件夹，如图 8-14 所示。双击某个文件夹便可以打开该文件夹，并以缩进的形式显示其包含的下一层文件夹。

（4）单击驱动器列表右侧的下拉按钮，打开其下拉列表框，然后选中某个驱动器，这时文件夹列表框中显示的文件夹名称也随之改变。

8.1.4　实现"文件列表"控件的显示功能

1."文件列表"控件的属性

文件列表控件用于显示当前路径下的部分或所有文件。在用**文件列表**控件显示文件时，必须先为所显示的文件指定详细的路径。

文件列表控件常用属性如下。

（1）Path 属性。

功能：返回或设置所要显示文件的详细路径。

说明：在用**文件列表**控件显示文件时，必须先为所显示的文件指定详细的路径，但只能通过在代码中设置 Path 属性值来指定文件的路径。

（2）Pattern 属性。

功能：返回或设置所要显示文件的类型或特定的文件。

说明：默认值为***.***，表示显示各种类型的文件。设置 Pattern 属性时，必须按文件命名的形式为其赋值，既要给出文件的主文件名，又要给出文件的扩展名，但可以含有通配符*****或**?**。在设置 Pattern 属性后，文件列表中只显示与 Pattern 属性相符的文件。另外，Pattern 属性还可以设置多个值，但每个值之间必须以分号隔开。

2. 实现控件的显示功能

（1）单击**工程管理器**窗口中的**查看对象**按钮，打开**窗体设计器**窗口。

（2）在窗体中单击文件列表，**Pattern** 属性默认为***.***。

（3）在窗体中双击文件列表，为**文件夹列表**控件添加 Change 事件，并在**代码编辑器**窗口中添加如下代码：

```
Private Sub dir1_Change()
    File1.Path = Dir1.Path
End Sub
```

（4）保存工程后直接运行程序，在驱动器列表中单击某个驱动器名，该驱动器下的所有文件便会显示在文件夹列表中。

3."文件列表"控件的事件

Change 事件是**文件列表**控件常用的事件，但只有在文件列表框中双击某一选项后才会激发 Change 事件。**Click** 事件也是**文件列表**控件常用的事件，在文件列表中单击某个文件便会激发该事件。如果双击某个文件，便会激发 DblClick 事件。

在文件列表框中单击某个文件，该文件被选中，文件名由**文件列表**控件的 **FileName** 属性记录。FileName 属性除了可以返回在文件列表中被选中的文件之外，还可以用来设置所要显示的文件的类型。FileName 属性只能通过代码来设置。例如，如果将 FileName 属性设置成如下形式：

```
File1.FileName ="*.frm"
```

则文件列表中只显示扩展名为**.frm**的文件。

8.1.5 实现删除文件功能

1. 文件删除语句

在 VB 6.0 中，文件的删除可以通过 Kill 语句来完成，其语法结构如下：

```
Kill 文件名
```

功能：用来删除**文件名**所指定的文件。

说明：当指定**文件名**时，必须给出文件的详细路径，并且文件名中可以含有通配符*****和**?**。例如：

```
Kill  "D:\myfile\*.txt"
```

便可以删除 D 盘 **myfile** 文件夹下的所有文本文件。另外，在使用 Kill 语句删除文件时，并不像在 Windows 系统中删除文件那样给出一个提示信息，因此使用该语句时必须十分小心。

2. 实现删除文件功能

（1）单击**代码编辑器**窗口中的**对象**下拉按钮右侧的，在下拉列表框中选择 **File1** 选项，为**文件列表控件**添加 Click 事件：

```
Private Sub File_Click()
    Sfn = File1.FileName
    '选中源文件
    If Right(Dir1,Path,1)<>"\ "Then
        Sourfile = Dir1.Path + "\"+ File.FileName
    Else
        Sourfile = Dir1.Path +File.FileName
    End If
End Sub
```

（2）按照步骤（1）的方法，为**文件列表控件**添加 KeyPress 事件：

```
Private Sub File1_KeyPress(KeyAscii As Integer)
    '选中文件后,如果按 D 键,则询问是否删除文件
    If KeyAscii = 100 Then
        SureDel = MsgBox("确定要删除文件吗? ", vbYesNo + vbQuestion, "删除
        文件")
        '如果单击"是"按钮,则删除选中文件; 如果单击"否"按钮,则不删除文件
        Select Case SureDel
        Case vbYes
            '删除文件
            Kill (SourFile)
            '更新文件列表
            File1.Refresh
```

```
                Case vbNo
                            Exit Sub
                End Select
        End If
    End Sub
```

（3）保存工程后运行程序，在文件列表框中单击某个文件。

（4）按 **D** 键，打开如图 8-5 所示的提示对话框，单击**是**按钮，删除该文件；单击**否**按钮，不删除该文件。

（5）单击工具栏中的**结束**按钮退出程序。

3．键盘事件

文件列表控件除了可以响应 Click 事件之外，还可以响应其他鼠标事件（如 MouseDown 事件）以及键盘事件（如 KeyPress 事件）。

键盘是应用程序中常用的输入设备之一，用键盘输入数据时，同样会激发与键盘有关的事件。与键盘有关的事件主要有**按键**（KeyPress）事件、**键按下**（KeyDown）事件、**键弹起**（KeyUp）事件。当按下键盘中的某个键时，除了激发 KeyPress 事件之外，还会激发 KeyDown 事件；松开按键时，便会激发 KeyUp 事件。各个事件的语法结构如下。

（1）KeyPress 事件语法结构如下：

```
Private Sub 控件名_KeyPress (KeyAscii As Integer)

End Sub
```

（2）KeyDown 事件语法结构如下：

```
Private Sub 控件名_KeyDown (KeyCode As Integer,Shift As Interge)

End Sub
```

（3）KeyUp 事件语法结构如下：

```
Private Sub 控件名_KeyUp (KeyCode As Integer,Shift As Interge)

End Sub
```

以上 3 个事件中，**KeyAscii**、**KeyCode** 都是整型参数，用来获取当前所按下键的键码。**KeyAscii** 获取的是按键上字符的 ASCII 码，**KeyCode** 获取的是按键的扫描码，这两个参数都是由系统自动传递过来的，不需要用户设置。例如，在本操作中，KeyPress 事件的参数 KeyAscii 用于获取当前所按键的 ASCII 码值，**D** 键所对应的 ASCII 码值为 100。

键盘上的每个键都有一个 ASCII 码和扫描码，ASCII 码反映的是标准的字符信息，而扫描码反映的是按钮的位置信息。因此，参数 **KeyCode** 不能区分大小写，即 A 和 a 所对应的 KeyCode 值是一样的，都是 **65**，而参数 **KeyAscii** 可以区分大小写。

在默认情况下，控件的键盘事件优先于窗体的键盘事件，因此，一旦发生键盘事件，总是先响应键盘事件。如果希望窗体先响应键盘事件，则必须将窗体的 **KeyPreview** 属性设为 **True**。

8.1.6 实现复制、剪切和粘贴文件功能

1. 基础知识

（1）文件的复制。在 VB 6.0 中，**复制**文件可以通过 **FileCopy** 语句来实现，其语法结构如下：

```
FileCopy 源文件名，目标文件名
```

功能：将源文件中的内容复制并粘贴到目标文件中。

说明：在指定目标文件和源文件时，最好给出详细的路径，并且文件名中不能含有通配符。例如：

```
FileCopy "D:\myfile\11.txt","C:\mydocment\22.txt"
```

该语句可以将 D 盘 **myfile** 文件夹下的 **11.txt** 文件复制并粘贴到 C 盘 **mydocument** 文件夹下，并以 **22.txt** 命名。

（2）文件的查询。文件的**查询**可以通过 **Dir** 函数来实现，其语法结构如下：

```
字符串变量=Dir（文件名）
```

功能：返回与指定**文件名**相匹配的文件。如果没有匹配的文件，则返回空字符。

（3）文件的重命名。文件除了可以复制、删除之外，还可以**重命名**。在 VB 6.0 中，文件的重命名是用 **Name** 语句来实现的，其语法结构如下：

```
Name 原文件名  AS 新文件名
```

功能：将原文件名改名为**新文件名**。

说明：**原文件名**必须是已经存在的文件名，而**新文件名**必须是一个不存在的新的文件名，并且两个文件的路径必须是一样的。如果**新文件名**的路径与**原文件名**的路径不一样，则将原文件移动到**新文件名**所指定的路径下，并将文件改名为**新文件名**。例如：

```
Name "D:\myfile\11.txt" As "D:\myfile\22.txt"
```

该语句便可以将文件 **11.txt** 改名为 **22.txt**。

```
Name "D:\myfile\11.txt" As "C:\mydocument\33.txt"
```

该语句便可以将文件 **11.txt** 从 D 盘 **myfile** 文件夹下移动到 C 盘 **mydocument** 文件夹下，并改名为 **33.txt**。

2. 实现文件的复制、剪切和粘贴功能

（1）单击工程管理器窗口中的**查看代码**按钮，打开**代码编辑器**窗口。

（2）在驱动器列表控件的 Change 事件中，添加如下代码：

```
Private Sub Dir_change()
    File1.Path=Dir1.Path
```

```
'如果已经选择"复制"或"剪切"选项,则将当前路径作为目标路径
If  SureCopy=1 then
If Right (Dir1.Path,1)<>"\" Then
DestFile = Dir1.Path+"\"+sfn
Else
DestFile = Dir1.Path+sfn
End If
'如果没有,将当前路径作为源路径
Else
If Right(Dir1.Path,1)<>"\"Then
SourPath = Dir1.Path + "\"
Else
SourPath = Dir1.Path
End If
End If
End Sub
```

（3）在**对象**下拉列表框中选择 **mnuCopy** 选项，为该菜单添加 Click 事件，并添加如下代码：

```
Private Sub mnuCopy_Click()
    '选择"复制"选项后,其后的路径将作为目标路径
    If sfn = "" Then
        MsgBox("未选中文件", vbOKOnly + vbCritical, "错误")
        SureCopy = 0
    Else
        SureCopy = 1
        SureDell = False
    End If
End sub
```

（4）在**对象**下拉列表框中选择 **mnuCut** 选项，为该菜单添加 Click 事件，并添加如下代码：

```
Private sub mnuCut_click()
    '选择"剪切"选项后,其后的路径将作为目标路径,同时删除被选中的文件
    If sfn=" "then
        MsgBox("未选中文件", vbOKOnly + vbCritical, "错误")
        SureCopy = 0
        SureDell = False
    Else
        SureCopy = 1
        SureDell = true
    End If
End Sub
```

（5）在**对象**下拉列表框中选择 **mnuPaste** 选项，为该菜单添加 Click 事件，并添加如下代码：

```
Private sub munpaste_click
    '如果文件名已经存在,则询问是否覆盖文件
```

```
          If  SureCopy=1 then
              If Dir(DestFile) <> "" Then
                  Intfile = MsgBox("文件" + Destfile + "已经存在,是否覆盖?
              ",vbYesNO + vbQuestion + vbDefaultButton2, "覆盖文件")
                  Select case intfile
                  '覆盖文件
                      Case vbYes
                          FileCopy Sourfile, Destfile
                      Case vbNo
                          Exit Sub
                  End Select
              Else
                  '复制文件
                  FileCopy Sourfile, Destfile
              End IF
          End IF
          '如果选择"剪切"选项,则删除源文件
          If SureDell = True Then
              Kill (Sourefile)
          End IF
          File.Refresh
      End Sub
```

（6）运行应用程序，在文件列表中选中某个文件，便可执行复制、剪切和粘贴操作。

8.1.7 设计弹出式菜单和鼠标事件

1. 设计弹出式菜单

（1）单击工程管理器窗口中的查看代码按钮，打开代码编辑器窗口。

（2）选择代码编辑器窗口的对象下拉列表框中的 Filel 选项，此时系统自动为文本框添加 Change 常用事件。然后选择过程下拉列表框中的 MouseDown 选项，为文件列表控件添加 MouseDown 事件。

（3）在文件列表控件的 MouseDown 事件中添加如下代码：

```
    Private sub File_MouseDown(Button As Interger, shift As Integer, X as
single,Yas single)
        '判断是否为右击
        If Button = 2 Then
        '右击,显示"编辑"菜单的子菜单
            PopupMenu MnuEdit
        End If
    End Sub
```

（4）运行程序，在文件列表框中右击，弹出如图 8-15 所示的快捷菜单。

（5）单击工具栏中的结束按钮，退出程序。

2．鼠标事件

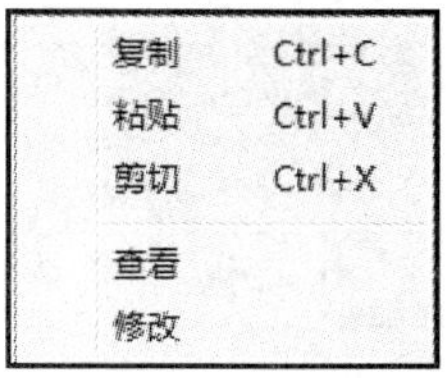

鼠标是应用程序中最常用的输入设备之一，因此在设计应用程序时必须灵活使用鼠标事件。鼠标事件主要包括**单击**（Click）事件、**双击**（DblClick）事件、**鼠标按下**（MouseDown）事件、**鼠标弹起**（MouseUp）事件、**鼠标移动**（MouseMove）事件。

图 8-15　弹出式菜单

（1）单击事件：单击事件是鼠标事件中应用最广泛的事件，大多数控件都能响应该事件。

在窗体中单击某个控件，便会激发 Click 事件，其语法结构如下：

```
Private Sub 控件名_click()

End Sub
```

单击控件除了激发 Click 事件之外，还激发了 MouseDown 事件和 MouseUp 事件，这 3 个事件所发生的顺序因控件的不同而不同。例如，对于**列表框**控件和**命令按钮**控件而言，这 3 个事件按以下先后顺序发生：MouseDown 事件、Click 事件、MouseUp 事件。对于**文件列表**控件、**标签**控件、**图片框**控件而言，这 3 个事件按以下顺序先后发生：MouseDown 事件、MouseUp 事件、Click 事件。

（2）鼠标按下、弹起和移动事件：当在某个控件上按下鼠标时，便会激发鼠标按下事件，即 MouseDown 事件；如果松开鼠标，便会激发鼠标弹起事件，即 MouseUp 事件；在控件上移动鼠标，便会激发鼠标移动事件，即 MouseMove 事件。

上述 3 种鼠标事件的语法结构如下。

① 鼠标按下事件语法结构如下：

```
Private Sub 控件名_MouseDown(Button As Integer,Shift As Integer,X As
    Single,Y As Single)
End Sub
```

② 鼠标弹起事件语法结构如下：

```
Private Sub 控件名_MouseUp(Button As Integer,Shift As Integer,X As Single,Y
    As Single)
End Sub
```

③ 鼠标移动事件语法结构如下：

```
Private Sub 控件名_MouseMove(Button As Integer,Shift As Integer,X As
    Single,Y As Single)
End Sub
```

（3）相关参数

以上 3 个鼠标事件过程都具有相同的参数，即 **Button**、**Shift**、**X**、**Y**，这 4 个参数是由系统给出的，不需要用户给定，各个参数的说明如下。

① Button 参数：整型参数，用来获取用户所按下的鼠标键，其取值如表 8-2 所示。

表 8-2 "Button" 参数值

Button 值	常　值	说　明
000（十进制 0）		未按任何键
001（十进制 1）	vbLeftButton	左键被按下（默认值)
010（十进制 2）	vbRightButton	右键被按下
011（十进制 3）	vbLeftButton + vbRightButton	同时按下左键和右键
100（十进制 4）	vbMiddleButton	中键被按下
101（十进制 5）	vbMiddleButton+vbLeftButton	同时按下中键和左键
110（十进制 6）	VbMiddleButton+vbRightButton	同时按下中键和右键
111（十进制 7）	vbMiddleButton+vbLeftButton+vbRightButton	3 个键同时被按下

对于 MouseDown、MouseUp 事件，Button 参数的取值只有 3 种，即 001（十进制 1）、010（十进制 2）和 011（十进制 3）。而对于 MouseMove 事件，Button 参数可取表 8-2 中的任何值。

② Shift 参数：整型参数，反映了在按下鼠标的同时，**Shift**、**Alt**、**Ctrl** 这 3 个键的状态。Shift 参数用于获取 Shift、Alt、Ctrl 键的状态，其取值如表 8-3 所示。

表 8-3 "Shift" 参数值

Shift 值	常　量	说　明
000（十进制 0）		未按任何键
001（十进制 1）	vbShiftMask	按 Shift 键
010（十进制 2）	vbCtrlMask	按 Ctrl 键
011（十进制 3）	vbShiftMask+vbCtrlMask	同时按 Shift+Ctrl 组合键
100（十进制 4）	vbAltMask	按 Alt 键
101（十进制 5）	vbAltMask+vbShiftMask	同时按 Alt+ Shift 组合键
110（十进制 6）	vbAltMask+vbCtrlMask	同时按 Alt+Ctrl 组合键
111（十进制 7）	vbAltMask+vbCtrlMask+vbShiftMask	3 个键同时被按下

③ X、Y 参数：用于记录鼠标指针所在的位置，其中，参数 X 记录指针的横坐标，参数 Y 记录指针的纵坐标。参数 X、Y 随着鼠标的移动而改变。

任务 8.2　实现学生信息修改功能

8.2.1　设计学生信息修改界面

设计如图 8-6 所示的学生信息修改界面，其菜单栏结构如图 8-7 所示。

1. 基础知识

前面所讲的文件管理控件只能实现显示功能，还不能实现对文件进行打开、读写等基本操作。要想对文件进行一些基本操作，还必须使用 VB 6.0 中专门的语句或函数。

字符是构成文件的最基本单位，一个汉字或一个英文字母都可看做一个字符。字段是由若干个字符组成的，用来表示某一项数据，并且这些字符不能拆开，如一个学生的姓名便是一个字段。若干相关字段的组合便构成了记录。例如，一组学生的信息管理文件中，每一行便是一条记录，每个记录由学号、姓名、班级和专业 4 个相关的字段组成，而每个字段又由若干个字符组成。

学号	姓名	班级	专业
2001001	张三	管理 2001	工商管理
2001002	李四	管理 2001	市场营销
⋮	⋮	⋮	⋮
2001080	王小二	计算机 2002	计算机

根据不同的分类标准，可将文件分为各种不同的类别。例如，按文件性质的不同，可将文件分为数据文件和程序文件；按文件是否可直接运行，可将文件分为可执行文件和非可执行文件。在 VB 6.0 中，按访问方式的不同，可将文件分为顺序文件、随机文件和二进制文件 3 种类型。文件的类型不同，其读/写操作所使用的方法也不同。

2．设计学生信息修改界面

（1）选择工程→**添加窗体**选项，打开**添加窗体**对话框，**窗体图标**默认被选中，然后单击**打开按钮**，向应用程序中添加一个新窗体。

（2）在**工程管理器**窗口中，双击 **Form2**（**Form2.frm**）图标，选中 **Form2** 窗体。

（3）向窗体中添加一个**文本框控件**，删除 **Textl** 属性中的 **Textl**，并将**名称**属性值设为 **txtText**，**MultiLine** 属性值设为 **True**，**ScrollBars** 属性值设为 **3-Both**。

（4）选择工具→**菜单编辑器**选项，打开**菜单编辑器**窗口，按表 8-4 的顺序新建 3 个菜单。

（5）单击**菜单编辑器**对话框中的**确定按钮**，生成菜单。

（6）选择工程→**部件**选项，打开**部件**对话框，在对话框中选中 **Microsoft Common Dialog Control 6.0** 复选框。

（7）单击**确定按钮**，关闭**部件**对话框，向工具箱中添加**通用对话框控件**。

表 8-4　菜单的属性

序　号	属　性	属　性　值	级　别
1	标题	文件	一级菜单
	名称	mnuFile	
2	标题	打开	二级菜单
	名称	mnuFileOpen	
	快捷键	Ctrl+O	
3	标题	保存（&S）	二级菜单
	名称	mnuFileSave	
	快捷键	Ctrl+S	

（8）在工具箱中双击**通用对话框控件**，向窗体中添加**通用对话框控件**。

（9）在窗体中选中**通用对话框控件**，并将 **Filter** 属性设为文本文件（***.txt**）|***.txt**。

通用对话框控件的 **Filter** 属性用来返回或设置文件过滤器，由描述信息和通配符两部分组成，中间用 | 隔开。如步骤（9）中，**Filter** 属性为文本文件（***.txt**）|***.txt**，其中文本文件（***.txt**）为描述信息，***.txt** 为通配符，中间用 | 相隔。

除了通过设置 **Filter** 属性来显示某一类型的文件之外，还可以通过设置 **Filter** 属性来显示几种不同类型的文件，但在各种类型的文件之间必须用 | 相隔。例如，将 **Filter** 属性设为**文本文件（*.txt）|*.txt 窗体文件（*.frm）|*.frm**，则文件列表框中除了显示扩展名为**.txt** 的文本文件外，还显示扩展名为**.frm** 的窗体文件。

8.2.2 实现学生信息修改界面的打开功能

在文件列表中选中源文件后，选择**编辑→修改**选项（或双击文件名），打开如图 8-6 所示的学生信息修改窗口，并将所选文件中的内容显示在文本框中。

（1）选择**工程→添加模块**选项，为应用程序添加一个模块。

（2）在**工程管理器**窗口中双击 **Module1**（**Module1.bas**）图标。

（3）在模块的**代码编辑器**窗口中添加如下代码，定义公有变量。

```
Public fName As String
```

（4）在**工程管理器**窗口中选中 **Form1**（**Form1.frm**）图标。

（5）选择代码编辑器窗口的**对象**下拉列表框中的 **File1** 选项。选择**过程**下拉列表框中的 **DblClick** 选项，为文件列表添加 DbClick 事件，并添加如下代码：

```
Private Sub File1_DbClick()
        '得到编辑文件的详细路径
        fName = Dir1.Path + "\"+ File1.FileName
        '打开文件修改窗体
        Form2.Show
        Form1.Hide
End Sub
```

（6）按步骤（5）的方法，为 MunModi_Click 事件添加如下代码：

```
Private Sub MnuModi_click()
        '得到编辑文件的详细路径
        fName = Dir1.Path +"\"+FileName
        '打开文件修改窗体
        Form2.Show
        Form1.Hide
End Sub
```

8.2.3 实现读文件功能

当加载学生信息修改界面或选择**文件→打开**选项时，读入所选文件的内容并显示在文本框中。

1．读取文件中的数据

当文件为顺序文件时，如文本文件，可以使用 **Line Input#**语句读取文件中的一行数据，其语法结构如下：

```
Line Input #filenumber,varname
```

其中，参数 **filenumber** 为必选参数，对应于用 Open 语句打开文件时所指定的文件号；参数 **varname** 为必选参数，用来保存从文件中读出的数据。

除了可以使用 **Line Input#**语句来读取顺序文件中的数据之外，还可以使用 **Input** 函数或 **Input#**语句来读取顺序文件中的数据。

使用 **Input** 函数来读取文件数据的语法结构如下：

```
字符串变量名=Input{number,[#]filenumber}
```

其中，参数 **number** 为必选参数，用于指定要读取的长度；参数 **filenumber** 为必选参数，对应于用 Open 语句打开文件时所指定的文件号。

使用 **Input#**语句来读取文件数据的语法结构如下：

```
Input #filenumber,varlist
```

其中，参数 **filenumber** 为必选参数，对应于用 Open 语句打开文件时所指定的文件号；参数 **varlist** 为必选参数，用来保存从文件中读出的数据，变量之间用逗号隔开。

2．实现读文件的功能

（1）在工程管理器窗口中选中 **Form2**（**Form2.frm**）图标。

（2）单击工程管理器窗口中的**查看代码**按钮，打开**代码编辑器**窗口。

（3）在**代码编辑器**窗口中的**通用/声明**区添加如下代码：

```
Sub EditOpen()
    If fName <> "" Then
        '打开顺序文件
        Open fName For Input As #1
        '读取顺序文件中的内容,并将它显示到文本框中
        Do While Not EOF(1)
            Line Input #1, text
            textbuff = textbuff + text + Chr(13) + Chr(10)
            TxtText.text = textbuff
        Loop
        Close #1
    End If
End Sub
```

（4）为窗体加载事件添加如下代码：

```
Private Sub Form_Load()
    Call EditOpen
End Sub
```

（5）为**打开**菜单的单击事件添加如下代码：

```
Private Sub MnuOpen_Click()
    Dim text As String
    Dim textbuff As String
        '显示"打开"对话框
        CommonDialog1.ShowOpen
        fName = CommonDialog1.FileName
        Call EditOpen
End Sub
```

（6）为窗体卸载事件添加如下代码：

```
Private Sub Form_Unload(Cancel As Integer)
    Form1.Show
End Sub
```

3．Open 语句

无论何种类型的文件，在对文件进行读/写操作之前，必须使用 **Open** 语句将文件打开，其语法结构如下：

```
Open filename For mode As [#]filenumber
```

各参数的说明如表 8-5 所示。

表 8-5 Open 语句的参数说明

参　　数	说　　　　明
filename	必选参数，为字符串表达式，用于指定文件名，文件名还可以包括文件的详细路径
mode	必选参数，用于指定文件的打开方式，可取 Append（附加方式）、Binary（二进制方式）、Input（读入方式）、Output（输出方式）、Random（随机方式）等值。如果未指定存取方式，则以 Random 打开文件
filenumber	必选参数，其值为一个有效的文件号，取值范围为1～511。使用 FreeFile 函数可得到下一个可用的文件号

如果要读取文件数据，则必须以 Input 方式打开文件。如果要写入数据到文件中，则必须以 Output 或 Append 方式打开文件。在对文件进行读/写操作之后，必须使用 **Close** 语句关闭已打开的文件，其语法结构如下：

```
Close [filenumberlist]
```

其中，参数 **filenumberlist** 为可选参数，其值为一个或多个有效的文件号。当 filenumberlist 为多个文件号时，其间必须以逗号相隔，即#文件号，#文件号……如果省略参数 filenumberlist，则关闭用 Open 语句打开的所有文件。

8.2.4 实现写文件功能

完成文件的修改工作后，选择文件→保存选项，将文本框中的内容保存到文件中。

1．向文件中写入数据

向顺序文件中写入数据，可以使用 Print 语句来完成，其语法结构如下：

```
Print #filenumber, printlist
```

其中，参数 **filenumber** 为必选参数，对应于用 Open 语句打开文件时所指定的文件号；参数 **printlist** 为可选参数，为将要被写入文件的数据列表。例如，在本操作中，通过代码 **Print#1，txtText.text**，将文本框中的内容写入到文件号为 **1** 的文件中。

除了可以用 Print 语句向顺序文件中写入数据之外，还可以用 **Write#**语句向顺序文件写入数据，其语法结构如下：

```
Write #filenumber, printlist
```

各参数的说明和 **Print#**语句一样。但是，用 **Print#**语句写入的数据一般用 **Line Input#**或 **Input** 语句读出，而用 **Write#**语句写入的数据通常用 **Input#**语句读出。

2．实现写文件的功能

（1）单击**工程管理器**窗口中的**查看对象**按钮，打开**窗体设计器**窗口。

（2）选择**文件→保存**选项，为其添加 Click 事件，并在相应事件中添加如下代码：

```
Private Sub MnuFileSave_Click()
    Dim fName As String
    Dim text As String
    Dim textbuff As String
    '显示"另存为"对话框
    CommonDialog1.ShowSave
    fName = CommonDialog1.FileName
    If fName <> "" Then
        '打开顺序文件
        Open fName For Output As #1
        '将文本框中的内容写入文件
        Print #1, TxtText.text
        '关闭文件
        Close #1
    End If
End Sub
```

（3）保存工程并运行程序。

（4）在文件列表框中选中源文件后，选择**编辑→修改**选项（或双击文件名），打开如图 8-6 所示的学生信息修改窗口，并将所选文件中的内容显示在文本框中，其菜单栏结构如图 8-7 所示。

（5）修改完成，选择**文件→保存**选项，将修改结果保存在所选文件中。

（6）选择**文件→打开**选项，打开所需修改的文件。

（7）单击学生信息修改窗口右上角的**关闭**按钮，返回文件资源管理器界面。

3．常用文件操作语句或函数

在 VB 6.0 中，除了在本操作中已用到的文件操作语句（如 Open、Close 等语句）外，还有以下常用文件操作语句或函数。

（1）EOF 函数：

返回一个布尔型或逻辑型的数据，用于测试是否已经到达文件结束部分。其语法结构如下：

```
EOF（filenumber）
```

其中，参数 **filenumber** 为必选参数，对应于用 Open 语句打开文件时所设的文件号。只有到达文件的结尾部分时，EOF 才返回 True，否则返回 False。在对文件进行操作时，可使用 EOF 函数来判断是否到达文件尾部，以避免因试图在文件结尾处写入数据而产生错误。

（2）FreeFile 函数：返回下一个可供 Open 语句所使用的文件号。其语法结构如下：

```
FreeFile[（rangenumber）]
```

其中，参数 **rangenumber** 为可选参数，用于指定文件号的取值范围，以便 FreeFile 函数返回在该范围内的下一个可用的文件号。如果 **rangenumber** 为 **0**，则表示 FreeFile 函数返回一个介于 1～255 的有效文件号；如果 **rangenumber** 为 **1**，则表示 FreeFile 函数返回一个介于 256～511 的有效文件号。

（3）FileLen 函数：返回一个表示文件大小的长整型数据。其语法结构如下：

```
FileLen(pathname)
```

其中，参数 **pathname** 为必选参数，为一个字符串表达式，用于指定文件的详细路径。使用 FileLen 函数获取文件的大小时，可以不必先打开相应的文件。如果所指定的文件已经被打开，则 FileLen 函数的返回值是文件被打开前的大小。

（4）LOF 函数：返回一个表示文件大小的长整型数据。其语法结构如下：

```
LOF(filenumber)
```

其中，参数 **filenumber** 为必选参数，对应于用 Open 语句打开文件时所设的文件号。LOF 函数虽然可以得到文件的大小，但必须先使用 Open 语句打开文件。

任务 8.3　实现学生信息查看功能

设计一个学生成绩查询系统，如图 8-8 所示，在该系统中，不但可以添加或显示学生的学号、姓名、成绩，还可以按学号查找某个学生的姓名、成绩。

8.3.1　设计学生信息查看界面

（1）选择工程→添加窗体选项，打开添加窗体对话框，窗体图标默认被选中，单击打开按钮，向应用程序中添加一个新窗体。

（2）在工程管理器窗口中双击 **Form3**（**Form3.frm**）图标，打开窗体 **Form3**。

（3）向窗体中添加 3 个标签控件，3 个文本框控件，5 个命令按钮控件，并调整控件的位置及大小，如图 8-16 所示。

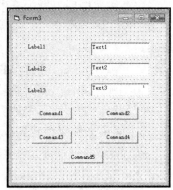

图 8-16　调整后的窗体

（4）参照表 8-6 设置相关控件的属性。

表 8-6　控件属性

控　件	属　性	属 性 值	控　件	属　性	属 性 值
Labell	Caption	学号	Commondl	名称	cmdAdd
Label2	Caption	姓名		Caption	新增成绩
Label3	Caption	成绩	Commond2	名称	cmdPrevious
Textl	名称	txtNum		Caption	上一记录
	Textl	删除 Textl	Commond3	名称	cmdNext
	MaxLength	8		Caption	下一记录
Text2	名称	txtName	Commond4	名称	cmdFind
	Text2	删除 Text2		Caption	查找
Text3	名称	txtScom	Commond5	名称	cmdBack
	Text3	删除 Text3		Caption	返回

8.3.2　实现学生信息查看界面的打开功能

在文件列表中选中源文件后，选择**编辑→查看**选项，打开如图 8-8 所示的学生信息查看窗口，并将所选文件中的第一个记录显示在文本框中。

（1）在**工程管理器**窗口中单击 **Form1（Form1.frm）**图标。

（2）单击**工程管理器**窗口中的**查看代码**按钮，打开**代码编辑器**窗口。

（3）在**代码编辑器**窗口中的**对象**下拉列表框中选择 **MnuCheck** 选项，在**过程**下拉列表框中选择 **Click** 选项，为**查看**菜单添加 Click 事件，并在相应事件中添加如下代码：

```
Private Sub MnuCheck_Click()
    '得到编辑文件的详细路径
    fName = Dir1.Path + "\" + File1.FileName
    '打开文件编辑查看窗体
    Form3.Show
    Form1.Hide
End Sub
```

8.3.3　实现新增学生成绩功能

单击**新增成绩**按钮，清空文本框内容，如图 8-9 所示，可向所选文件中新增一个学生的成绩信息。

1．随机文件的写操作

随机文件的写操作是通过 **Put#** 语句来实现的，**Put#** 语句的语法结构如下：

```
Put #filenumber, [recnumber],varname
```

其中，参数 **filenumber** 为必选参数，对应于用 Open 语句打开文件时所指定的文件号；参数 **recnumber** 为可选参数，为写入记录的编号，用于表示写入数据的位置；参数 **varname** 为必选参数，为具体的写入数据。

2．实现新增学生成绩功能

（1）在工程管理器窗口中单击 **Form1**（**Form1.frm**）图标。

（2）单击工程管理器窗口中的查看代码按钮，打开代码编辑器窗口。

（3）双击窗体，并在代码编辑器窗口的通用/声明区添加如下代码：

```
'自定义记录类型
Private Type stu
    sNum As String * 10
    sName As String * 10
    Score As String * 4
End Type

Dim gstu As stu
Dim recordlen As Integer
Dim currentrecord As Integer
Dim lastrecord As Integer

Public Sub SaveCurrent()
    '保存当前记录
    gstu.sNum = TxtNum.text
    gstu.sName = TxtName.text
    gstu.Score = TxtScore.text
    Put #1, currentrecord, gstu
End Sub
```

（4）为窗体加载事件添加如下代码：

```
Private Sub Form_Load()
    recordlen = Len(gstu)
    If fName <> "" Then
        Open fName For Random As #1 Len = recordlen
        currentrecord = 1
        lastrecord = FileLen(fName) / recordlen
        If lastrecord = 0 Then
            lastrecord = 1
        End If
        ShowCurrent
    End If
End Sub
```

（5）为返回按钮的单击事件添加如下代码：

```
Private Sub cmdback_Click()
    Unload Form3
    Form1.Show
End Sub
```

（6）为窗体卸载事件添加如下代码：

```
Private Sub form_unload(cancel As Integer)
    Close #1
End Sub
```

代码 **Open fName For Random As #1 Len=recordlen** 表明以随机的方式打开文件，在接下来进行读写操作时，便是对随机文件进行操作。另外，在打开文件时，还要指明文件的长度。

（7）单击**工程管理器**窗口中的**查看对象**按钮，打开**窗体设计器**窗口。

（8）为**新增成绩**按钮的单击事件添加如下代码：

```
Private Sub cmdAdd_Click()
    '将所输入的记录保存到文件的最后
    SaveCurrent
    '在文件的最后增加一个空白记录并保存
    lastrecord = lastrecord + 1
    cord = lastrecord
    '保存后,将文本框中的内容清除
    TxtNum.text = ""
    TxtName.text = ""
    TxtScore.text = ""
    TxtNum.SetFocus
End Sub
```

8.3.4　实现显示、查找学生成绩功能

单击上一记录按钮,则在相应的文本框中显示前一个学生的成绩信息。如果到达文件顶部,则打开如图 8-10 所示的**错误**提示对话框。单击下一记录按钮,则在相应的文本框中显示下一个学生的成绩信息。如果到达文件底部,则打开如图 8-11 所示的**错误**提示对话框。单击**查找**按钮,则打开如图 8-12 所示的**查找**对话框,在对话框中输入学生的学号,便可以按学号查找学生的成绩信息。单击**返回**按钮,返回文件资源管理器界面。

1. 随机文件的读操作

随机文件的读操作是通过 **Get#**语句来完成的，其语法结构如下：

```
Get #filenumber,[recnumber],varname
```

其中，参数 **filenumber** 为必选参数，对应于用 Open 语句打开文件时所指定的文件号；参数 **recnumber** 为可选参数，为读出记录的编号，用来表示读取数据的位置；参数 **varname** 为必选参数，为一个有效的变量名，用来存储读出的数据。

2. 实现显示、查找学生成绩功能

（1）在**代码编辑器**窗口中的**通用/声明**区添加如下代码：

```
Public Sub ShowCurrent()
    '显示当前记录
    Get #1, currentrecord, gstu
    TxtNum.text = gstu.sNum
```

```
        TxtName.text = gstu.sName
        TxtScore.text = gstu.Score
    End Sub
```

（2）为窗体加载事件添加如下代码：

```
Private Sub Form_Load()
    recordlen = Len(gstu)
    Open "E:\成绩\11.txt" For Random As #1 Len = recordlen
        currentrecord = 1
        lastrecord = FileLen("e:\成绩\11.txt) / recordlen
        lastrecord = FileLen(fName) / recordlen
        If lastrecord = 0 Then
            lastrecord = 1
        End If
        ShowCurrent
    End If
End Sub
```

（3）为上一记录按钮的单击事件添加如下代码：

```
Private Sub cmdPrevious_Click()
    '如果当前记录已为第一个记录,则不再显示
    If currentrecord = 1 Then
        Beep
        MsgBox ("已到文件顶部! ", vbOKOnly + vbExclamation, "错误")
    Else
    '如果当前不是第一个记录,则先保存当前记录,再显示当前记录
        SaveCurrent
        '将当前记录移动到上一个记录
        currentrecord = currentrecord - 1
        '显示当前记录
        ShowCurrent
    End If
    TxtNum.SetFocus
End Sub
```

（4）为窗体卸载事件添加如下代码：

```
Private Sub Form_Unload(Cancel As Integer)
    Close #1
End Sub
```

（5）单击**工程管理器**窗口中的**查看对象**按钮，打开**窗体设计器**窗口。
（6）在窗体中双击下一记录按钮，为其添加单击事件，并在相应事件中添加如下代码：

```
Private Sub cmdNext_Click()
    '如果当记录为最后的记录,则不再显示
    If currentrecord = lastrecord Then
```

```
            Beep
            MsgBox ("已显示完全部成绩!", vbOKOnly + vbExclamation, "错误")
        Else
        '如果当前记录不是最后记录,则先保存当前记录,再显示当前记录
            SaveCurrent
            '当前记录移动到下一个记录
            currentrecord = currentrecord + 1
            '显示当前记录
            ShowCurrent
        End If
        TxtNum.SetFocus
    End Sub
```

（7）为**查找**按钮的单击事件添加如下代码：

```
Private Sub cmdFind_Click()
    Dim nsearch As String
    Dim found As Boolean
    Dim recnum As Long
    Dim fstu As stu
    '输入要查找的学生的学号
    nsearch = InputBox("请输入要查找的学生的学号：", "查找")
    If nsearch = "" Then
        Exit Sub
    End If
    found = False
    '从文件的第一个记录开始找起
    '直到找到某个记录中的学号字段和所输入的学号一致为止
    For recnum = 1 To lastrecord
        Get #1, recnum, fstu
        If nsearch = Trim(fstu.sNum) Then
            found = True
            Exit For
        End If
    Next
    '如果找到了,则显示该记录
    If found = True Then
        SaveCurrent
        currentrecord = recnum
        ShowCurrent
    '否则提示用户未找到该学生
    Else
        MsgBox "无学号为" + nsearch + "的成绩"
    End If
End Sub
```

（8）运行应用程序，并执行相关操作。

（9）保存工程。

3. 随机文件与二进制文件

由于随机文件是由固定长度的记录组成的，每个记录又是由若干固定长度的字段组成的，因此在定义各个字段时不仅要给出字段的数据类型，还要给出字段的长度，并且记录只有被声明后，才可以来定义一个记录类型的变量。声明记录的语法结构如下：

```
Private Type 记录名
    字段1名 As 数据类型*长度
    字段2名 As 数据类型*长度
    ⋮
    字段n名 As 数据类型*长度
End Type
```

在上一操作中，程序一开始便声明了一个名为 **stu** 的记录类型，它包含 3 个字段：字段 **sNum**，数据类型为字符型，长度为 10 个字节，用于存放学生的学号；字段 **sName**，数据类型为字符型，长度为 20 个字节，用于存放学生的姓名；字段 **Score**，数据类型为字符型，长度为 4 个字节，用于存放学生的成绩。

随机文件只能对定长的记录进行读/写操作，而二进制文件可以对不定长的记录进行读/写操作，这样便可以节省大量的磁盘空间。二进制文件以字节为单位来访问文件，允许用户随意地组织或访问数据。在用 Open 语句以 Binary 方式打开文件后，便可以在文件的任何位置读写任何形式的数据，因此，二进制文件是最为灵活的。二进制文件的读写操作所使用的语句和随机文件是一样的，即使用 **Get#** 语句来读二进制文件，使用 **Put#** 语句向二进制文件中写入数据，但两者语句中参数的含义有所不同。参数 **recnumber** 表示的不是第几个记录，而是第几个字节。另外，参数 **varname** 可以是任意类型的变量，而不再仅仅是记录型变量，但通常把参数 **varname** 定义为字节型变量。

项目拓展　动态创建文件

设计思路

编写程序，要求用户动态创建文件，并通过对话框输入文件内容，其要求如下：

（1）运行工程，其运行界面如图 8-17 所示。

（2）单击**浏览**按钮，打开**另存为**对话框，选择文件保存路径，如 **f:\VB**，创建文件 **abc.txt**。单击**保存**按钮，返回程序界面，如图 8-18 所示。

图 8-17　程序运行界面　　　　图 8-18　成功创建文件

（3）单击**创建文件并输入数据**按钮，打开成功创建文件提示对话框，如图 8-19 所示。

（4）单击**确定**按钮，打开**工程 1** 对话框，如图 8-20 所示。

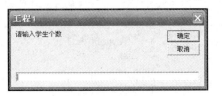

　　图 8-19　成功创建文件提示对话框　　　　　　图 8-20　输入学生个数

（5）在文本框中输入学生个数，单击**确定**按钮，弹出输入第一个学生姓名对话框。

（6）按照提示，依次输入每个学生的信息。

动态创建文件

（1）新建一个工程，将工程命名为**动态创建文件**，并保存到文件夹中。

（2）设计应用程序界面，如图 8-17 所示。

（3）在**代码编辑器**窗口的**通用/声明**区添加如下代码：

```
Private Type stu
    Stname As String *10
    num As String
    age As Integer
    addr As String
End Type
```

（4）为**浏览**按钮的单击事件添加如下代码：

```
Private Sub Command1_click()
    commonDialog1.Filter="txt(*.txt)|*.txt|doc(*.doc)|*.doc"
    commonDialog1.showSave
    Text.text=CommonDialog1.FileName
End Sub
```

（5）为**创建文件并输入数据**按钮的单击事件添加如下代码：

```
Private Sub Command2_click()
    If Text1.text="" Then
        MsgBox "文件名不能为空"
    Else
        Open text1.text For Output As #1
        msgBox "创建文件成功,请按鼠标提示输入学生信息1"
        Static stud() As stu
        n=InputBox("请输入学生个数: ")
        ReDim stud(n) As stu
        For i=1 To n
            stud(i).stname = InputBox("请输入姓名:")
```

```
                    stud(i).num = InputBox("请输入年级:")
                    stud(i).age = InputBox("请输入年龄:")
                    stud(i).addr = InputBox("请输入地址:")
                    Write #1, stud(i).stname, stud(i).num, stud(i).age,
                stud(i).addr
                Next i
                Close #1
                MsgBox "输入完毕!"
        End If
    End Sub
```

（6）为窗体的双击事件添加如下代码：

```
Private Sub Form_DblClick()
        End
End Sub
```

（7）运行应用程序，并执行相关操作。

（8）保存工程。

知识拓展

我们平时接触的大多是 Windows 操作系统下的文件系统，如 FAT、FAT32、NTFS 等。Ext4 作为 Linux 操作系统下最新的文件系统，有很多优点，相对于 Ext3 也有很大的进步。

（1）与 Ext3 兼容。执行若干条命令，就能从 Ext3 在线迁移到 Ext4，而无需重新格式化磁盘或重新安装系统。原有 Ext3 数据结构保留，Ext4 作用于新数据。当然，整个文件系统因此获得了 Ext4 所支持的更大容量。

（2）更大的文件系统和更大的文件。较之 Ext3 目前所支持的最大 16TB 文件系统和最大 2TB 的文件，Ext4 分别支持 1EB（1048576TB，1EB=1024PB，1PB=1024TB）的文件系统，以及 16TB 的文件。

（3）无限数量的子目录。Ext3 目前只支持 32000 个子目录，而 Ext4 支持无限量的子目录。

（4）Extents。Ext3 采用间接块映射，当操作大文件时，效率极其低下。例如，一个 100MB 大小的文件，在 Ext3 中要建立 25600 个数据块（每个数据块大小为 4KB）的映射表。而 Ext4 引入了现代文件系统中流行的 extents 概念，每个 extent 为一组连续的数据块，上述文件则表示为"该文件数据保存在接下来的 25600 个数据块中"，提高了效率。

（5）多块分配。当写入数据到 Ext3 文件系统中时，Ext3 的数据块分配器每次只能分配一个 4KB 的数据块，写一个 100MB 文件就要调用 25600 次数据块分配器，而 Ext4 的多块分配器支持一次调用分配多个数据块。

（6）延迟分配。Ext3 的数据块分配策略是尽快分配，而 Ext4 的策略是尽可能地延迟分配，直到文件在高速缓存中写完才开始分配数据块并写入磁盘，这样就能优化整个文件的数据块分配，与前两种特性搭配起来可以显著提升性能。

（7）快速 fsck。以前执行 fsck 命令的第一步速度很慢，因为它要检查所有的 iNode，而现在 Ext4 给每个组的 iNode 表都添加了一份未使用 iNode 的列表，Ext4 文件系统就可以跳过它们而只去检查那些已被使用的 iNode 了。

（8）日志校验。日志是最常用的部分，也极易导致磁盘硬件故障，而从损坏的日志中恢复数据会导致更多的数据损坏。Ext4 的日志校验功能可以很方便地判断日志数据是否损坏，它将 Ext3 的两阶段日志机制合并成一个阶段，在增加安全性的同时提高了性能。

（9）"无日志"模式。日志总有一些开销，Ext4 允许关闭日志，以便某些有特殊需求的用户借此提升性能。

（10）在线碎片整理。尽管延迟分配、多块分配和 extents 能有效减少文件系统碎片，但碎片还是会不可避免的产生。Ext4 支持在线碎片整理，并将提供工具进行个别文件或整个文件系统的碎片整理。

（11）iNode 相关特性。Ext4 支持更大的 iNode，较之 Ext3 默认的 iNode 大小 128B，Ext4 为了在 iNode 中容纳更多的扩展属性（如纳秒时间戳或 iNode 版本），默认 iNode 大小为 256B。Ext4 还支持快速扩展属性和 iNode 保留。

（12）持久预分配。P2P 软件为了保证下载文件有足够的空间存放，常常会预先创建一个与所下载文件大小相同的空文件，以免未来的数小时或数天之内磁盘空间不足而导致下载失败。Ext4 在文件系统层面实现了持久预分配并提供相应的 API，比应用软件自己实现更有效率。

（13）默认启用 barrier。磁盘上配有内部缓存，以便重新调整批量数据的写操作顺序，优化写入性能，因此文件系统必须在日志数据写入磁盘之后才能写 commit 记录，若 commit 记录写入在先，而日志有可能损坏，那么会影响数据完整性。Ext4 默认启用 barrier，只有当 barrier 之前的数据全部写入磁盘后，才能写 barrier 之后的数据。

课后练习与指导

一、选择题

1. 下面文件命名的方式错误的是（　　）。
   A．"D:\myfile\11.txt"　　　　　　　B．"D:\11.txt"
   C．"D:\myfile\11"　　　　　　　　　D．"D:\myfile\11\11.txt"

2. 要想获得使用 Open 语句所打开的文件的大小可以使用（　　）。
   A．LOF 函数　　B．Len 函数　　C．FileLen 函数　　D．EOF 函数

3. 只能从（　　）顺序文件中读出英文字符，非英文字符不能读出。
   A．Input #语句　　B．Input 函数　　C．Line Input # 语句　　D．Get 语句

4. 二进制文件除了可以使用"Get#"语句读出数据之外，还可以用（　　）读出数据。
   A．Print 语句　　B．Input 函数　　C．Line Input#语句　　D．Input#语句

5. 如果要将文件"11.txt"改名为"22.txt"，则下面代码正确的是（　　）。
   A．Name　"11.txt"　As　"22.txt"
   B．Name　"D:\myfile\11.txt"　As　"C:\myfile\22.txt"
   C．Name　"11.txt"　As　"C:\myfile\22.txt"
   D．Name　"D:\myfile\11.txt"　As　"22.txt"

6. （　　）是由 VB 提供的一种专门的子程序，由对象本身具有，反映该对象功能的内部函数或过程。

    A．文件   B．属性   C．方法   D．窗体

7．刚建立一个新的标准 EXE 工程后，不在工具箱中出现的控件是（   ）。

    A．单选按钮   B．图片框   C．通用对话框   D．文本框

8．下列各项不是 VB 的基本数据类型的是（   ）。

    A．Char   B．String   C．Integer   D．Double

9．下列运算结果中，值最大的是（   ）。

    A．3\4   B．3/4   C．4 mod 3   D．3 mod 4

10．以下不属控件的一项是（   ）。

    A．文本框   B．标签框   C．列表框   D．消息框

11．假定用下面的语句打开文件：

```
Open "File1.txt" For InputAs #1
```

则不能正确读文件的语句是（   ）。

    A．Input #1,ch$ B．Line Input #1,ch$

    C．ch$=Input$(5,#1)   D．Read #1,ch$

二、填空题

1．文件是由_____组成的，_____是由字段组成的，而字段是由_____组成的。VB 6.0 按访问文件方式的不同将文件分为_____、_____、_____ 3 种类型。

2．改变默认的驱动器，可以设置驱动器控件的_____属性；"文件夹列表"控件的当前路径被_____属性所记录；"文件列表"控件中被选中的文件被_____属性所记录。

3．使用 Open 语句打开文件，可以以_____、_____、_____、_____和_____ 5 种不同的方式来打开文件。

4．可以使用_____函数来获取下一个可用的文件号，可以使用_____函数来检验是否到达文件的结尾，关闭文件可以使用_____语句。

5．顺序文件可以通过_____语句或_____语句将数据写入文件，而读取文件中的数据可以使用_____语句、_____语句或_____函数来实现。随机文件和二进制文件的读操作可以通过_____语句来实现，写操作可以通过_____语句来实现。

6．要删除一个文件，可以使用_____语句；要重命名一个文件，可以使用_____语句；要复制一个文件，可以使用_____语句。

7．与键盘有关的事件包括_____、_____、_____，其中，_____在单击键盘键时被激发，_____在按下键盘键时被激发，_____在松开键盘键时被激发。

三、判断题

1．计时器的 Interval 属性的默认单位为毫秒。   （   ）

2．计时器的 Interval 属性的取值为 0～65535。   （   ）

3．计时器的 Interval 属性的取值为 0 时表示计时器触发次数最多。   （   ）

4．计时器不只有 Timer 事件，Interval 也是计时器的事件。   （   ）

5．滚动条通常用于浏览显示内容、确定位置，也可以作为数据输入的工具。通过编程控制，可以为不具备滚动能力的控件提供滚动功能。   （   ）

6．滚动条在常用工具栏中是一个控件。   （   ）

7．当滚动条位于最右端或顶端时，表示其值最大，反之最小。   （   ）

8．滚动条上，当单击滚动箭头、单击滚动条区域或拖动滑动块动作结束时将触发 Change

事件。　　　　　　　　　　　　　　　　　　　　　　　　　　　（　　　）

9．当在滚动条内拖动滑动块时只触发 Scroll 事件。　　　　　　（　　　）

10．控件中不能改变大小的只有计时器。　　　　　　　　　　　（　　　）

11．若要使标签透明，则可设置属性 BackColor。　　　　　　　（　　　）

12．滚动条的最小值、最大值、最小变动值、最大变动值属性均可自行设计。（　　　）

13．滚动条所处的位置可由 Value 属性标识。　　　　　　　　　（　　　）

14．可以用剪切+复制的方法将已有控件放入框架。　　　　　　（　　　）

15．框架内所有的控件会随框架一起移动、显示、消失和屏蔽。（　　　）

四、简答题

1．简述记录、字段和字符三者之间的关系。

2．文件的读/写操作一般要经历哪几个过程？

3．使用"Print#"语句和"Write#"语句将数据写入顺序文件，二者有什么区别？

五、实践题

1．使用 3 个文件控件，编写一个简单的文件显示界面，并且在"文件列表"控件中只显示文本文件。

2．编写一个简单的文本编辑器程序，能实现简单的打开和保存功能。

3．编写一个程序，测试所按的键是数字键还是字母键。运行程序，在键盘上按下任意一个数字键或字母键，这时窗体中便会显示所按键的类型，如图 8-21 所示。

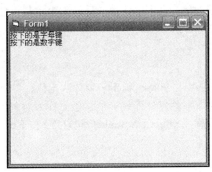

图 8-21　程序运行后的界面

VB 绘图——设计简易的画图程序

你知道吗?

图形是计算机应用中令人感兴趣的内容。VB 对图形信息有很强的处理能力,包括使用控件自身的属性方法以各种形式显示图形,提供绘制一般的几何图形的内部控件,提供支持直接绘图、动态显示,以及设置颜色的对象属性、函数和方法等。

应用场景

掌握简单的 VB 绘图技巧,不仅是进行程序美化与趣味性设计的基础,还是使用其他高级绘图控件进行程序优化的必备知识。使用绘图功能,也可以让用户更加直观地获得程序运行信息,如运算后的函数图像,或者当前系统资源利用监控图等。

背景知识

坐标系统是绘图的基础。在 VB 中,屏幕坐标用于窗体的定位,每个窗体都有自己的坐标系统。也就是说,VB 的坐标是针对窗体或窗体中的控件而设计的,因此称为对象坐标系统。VB 的坐标系统分为默认规格(Default Scale)、标准规格(Standard Scale)和自定义(Custom Scale)3 类。

设计思路

本项目使用 VB 6.0 开发一个简易的画图程序,如图 9-1 所示,利用该程序,能够绘制一些简单的图形,还可以设置线型、颜色以及线宽,通过本项目的学习,掌握 VB 6.0 的绘图方法。

(1)单击**直线**图标,在图片框上按住鼠标左键,拖动鼠标,可以画出一条直线。

(2)单击**矩形**图标,在图片框上按住鼠标左键,拖动鼠标,可以画出一个矩形。

(3)单击**圆**图标,在图片框上按住鼠标左键,拖动鼠标,可以画出一个圆。

(4)单击**椭圆**图标,在图片框上按住鼠标左键,拖动鼠标,可以画出一个椭圆。

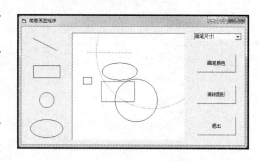

图 9-1　简易画图程序运行界面

(5)单击**画笔颜色**按钮,就可以为画笔设置颜色,从而改变图形的颜色。

(6)单击**清除图形**按钮,就可以清除图片框上的所有图形。

(7)在**画笔尺寸**下拉列表框中,可以为画笔设置尺寸。

(8)单击**退出**按钮,则退出应用程序。

任务 9.1　掌握绘图控件

9.1.1　掌握直线控件

1．直线控件

直线（Line）控件可用来绘制简单的直线，它是用 X1、Y1、X2 和 Y2 属性来确定它的起点和终点的，起始点为（X1，Y1），终点为（X2，Y2）。用户可以在窗体、图片框中创建 Line 控件。运行时不能使用 Move 方法移动 Line 控件，但是可以通过改变 X1、X2、Y1 和 Y2 的属性值来移动或者调整其大小。另外，通过对属性的设置，可以改变直线的粗细、颜色和线型。

2．直线控件的相关属性

（1）BorderColor 属性：返回或设置线条的颜色。

（2）BorderStyle 属性：返回或设置线条的线型，其取值为 0～6，每个属性值的意义如表 9-1 所示，对应线型如图 9-2 所示。

表 9-1　BorderStyle 属性值

常　　数	设　置　值	描　　述
vbTransparent	0	透明
vbBSSolid	1	（默认值）实线
vbBSDash	2	虚线
vbBSDot	3	点线
vbBSDashDot	4	点划线
vbBSDashDotDot	5	双点划线
vbBSInsideSolid	6	内收实线

（3）BorderWidth 属性：返回或设置线条的宽度，其值为 1～8，单位为像素。只有 BorderStyle 属性值为 1 和 6 的两种情况下 BorderWidth 属性才起作用，其他情况下 BorderWidth 属性自动被设置为 1。

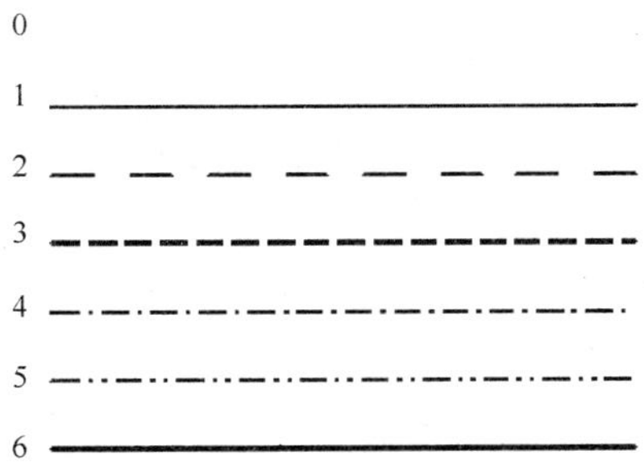

9.1.2　掌握形状控件

1．形状控件

形状（Shape）控件是 VB 6.0 的图形专用控件，可以用来绘制矩形、正方形、圆和椭圆等图形。

图 9-2　BorderStyle 属性图形

2．形状控件它的相关属性

（1）Shape 属性：用于确定绘制图形的形状。其取值为 0～5，每个属性值的意义如表 9-2 所示，对应图形如图 9-3 所示。

表 9-2　Shape 属性值

常　　数	设 置 值	描　　述
vbShapeRectangle	0	（默认值）矩形
vbShapeSquare	1	正方形
vbShapeOval	2	椭圆形
vbShapeOval	3	圆形
vbShapeRoundedRectangle	4	圆角矩形
vbShapeRoundedSquare	5	圆角正方形

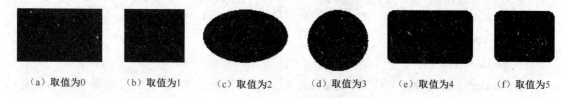

（a）取值为0　　　（b）取值为1　　　（c）取值为2　　　（d）取值为3　　　（e）取值为4　　　（f）取值为5

图 9-3　Shape 属性图形

（2）BorderStyle、BorderWidt 和 BorderColor 属性：这些属性的用法与 Line 控件的相应属性的用法一样，只不过设置的是形状控件的边框样式、宽度和颜色。

（3）BackStyle 属性：此属性确定背景的风格，有两个属性值：0 和 1。默认值为 1，表示背景风格为非透明，即用 BackColor 属性设置值填充该 Shape 控件，并隐藏该控件后面的所有颜色和图片；0 表示背景风格为透明，即在控件后的背景颜色和任何图片都是可见的，此时 BackColor、FillStyle 和 FillColor 均不起作用。

（4）BackColor 属性：背景颜色属性。只有当 BackStyle 属性为 1 时，该属性值才会起作用。

（5）FillStyle 属性：此属性设置 Shape 控件内部的填充图案。其取值为 0～7，每个属性值的意义如表 9-3 所示，对应的样式如图 9-4 所示。

表 9-3　FillStyle 属性值

常　　数	设 置 值	描　　述
vbFSSolid	0	实线
vbFSTransparent	1	（默认值）透明
vbHorizontalLine	2	水平直线
vbVerticalLine	3	垂直直线
vbUpwardDiagonl	4	上斜对角线
vbDownwardDiagonal	5	下斜对角线
vbCross	6	十字线
vbDiagonalCross	7	交叉对角线

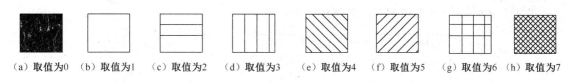

（a）取值为0　（b）取值为1　（c）取值为2　（d）取值为3　（e）取值为4　（f）取值为5　（g）取值为6　（h）取值为7

图 9-4　FillStyle 属性图形

任务 9.2　设计简易画图程序的用户界面

9.2.1　添加基本控件

（1）打开 VB 6.0，新建一个工程，命名为**简易画图程序**。

（2）向窗体上添加 3 个**命令按钮控件**，4 个**标签控件**，1 个**组合框控件**，1 个**图片框控件**，并调整控件的尺寸和位置，如图 9-5 所示。

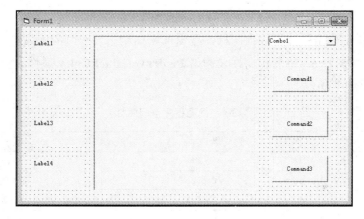

图 9-5　简易画图程序初始界面

9.2.2　添加直线控件

（1）在工具箱中单击**直线控件**图标。

（2）在第 1 个**标签控件**中添加**直线控件**。

9.2.3　添加形状控件

（1）在工具箱中单击**形状控件**图标，为第 2 个**标签控件**添加**形状控件**，将形状控件的 **Shape** 属性设置为 **0-Rectangle**，即为**矩形**。

（2）在工具箱中单击**形状控件**图标，为第 3 个**标签控件**添加**形状控件**，将形状控件的 **Shape** 属性设置为 **3-Circle**，即为**圆形**。

（3）在工具箱中单击**形状控件**图标，为第 4 个**标签控件**添加**形状控件**，将形状控件的 **Shape**

属性设置为 **2-Oval**，即为**椭圆形**；效果如图 9-6 所示。

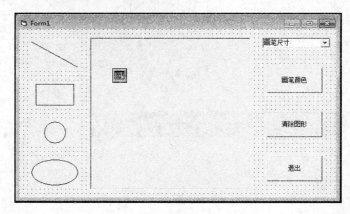

图 9-6 简易画图程序界面

9.2.4 设置图形控件的属性

（1）在工具箱中单击**图片框**控件图标，在窗体中拖动出一个画图区域。

（2）选中**图片框**控件，将**名称**属性设置为 **Picdraw**，**BackColor** 属性设置为白色；其他控件的属性设置如表 9-4 所示。

表 9-4 画图程序空间属性

对　象	属　性	设　置
窗体	（名称）	Form1
	Caption	简易画图程序
命令按钮 1	（名称）	Cmdcolor
	Caption	画笔颜色
命令按钮 2	（名称）	Cmdclear
	Caption	清除图形
命令按钮 3	（名称）	Cmdexit
	Caption	退出
标签 1	（名称）	Lbline
	Caption	
标签 2	（名称）	Lbrectangle
	Caption	
标签 3	（名称）	Lbcircle
	Caption	
标签 4	（名称）	Lboval
	Caption	
图片框	（名称）	Picdraw
	BackColor	白色

任务 9.3　编写控件响应事件的代码

9.3.1　添加基本代码

1. 基本代码

（1）在空白处双击窗体，打开**代码编辑器**窗口，为窗体的 Load 事件添加如下代码：

```
Dim oldx, oldy, shape As Integer
Private Sub Form_Load()
    Dim i As Integer
    Shape = 1
    Do While i <= 40
        i = i +2
        ComboSize.AddItem(Str(i))
        loop
End Sub
```

（2）在**代码编辑器**窗口的**对象**下拉列表框中选择 **ComboSize** 选项，在**过程**下拉列表框中选择 **Change** 选项，为 ComboSize_Change 事件添加如下代码：

```
Private Sub ComboSize_Change()
    PicDraw.DrawWidth = Int(ComboSize.Text)
End Sub
```

（3）为 ComboSize_Click 事件添加如下代码：

```
Private Sub ComboSize_Click()
    PicDraw.DrawWidth = Int(ComboSize.Text)          '选择画笔尺寸
End Sub
```

（4）为 CmdColor_Click 事件添加如下代码：

```
Private Sub CmdColor_Click()
    CommonDialog1.ShowColor
    PicDraw.ForeColor = CommonDialog1.Color          '选择画笔颜色
End Sub
```

（5）为 Lbline_Click 事件添加如下代码：

```
Private Sub Lbline_Click ()
    Shape = 0
End Sub
```

（6）为 Lbrectangle_Click 事件添加如下代码：

```
Private Sub Lbrectangle_Click ()
    Shape = 1
End Sub
```

（7）为 Lbcircle_Click 事件添加如下代码：

```
Private Sub Lbcircle_Click ()
     Shape = 2
End Sub
```

（8）为 Lboval_Click 事件添加如下代码：

```
Private Sub Lboval_Click ()
     Shape = 3
End Sub
```

2．坐标系

为了便于图形的定位和绘制图形，在使用窗体或图片框绘图时，事先应定义好坐标系（在本操作中，使用图片框为默认坐标系）。在 VB 6.0 中，坐标系的定义是通过设置窗体或图片框的 **ScaleWidth**、**ScaleHeight**、**ScaleTop** 和 **ScaleLeft** 属性来完成的。

（1）ScaleTop、ScaleLeft 属性。

功能：返回或设置对象左上角的坐标。

说明：通过设置 ScaleTop、ScaleLeft 属性来定义对象左上角的坐标。

（2）ScaleWidth、ScaleHeight 属性。

功能：返回或设置 x 轴长度和 y 轴长度。

说明：ScaleWidth、ScaleHeight 属性值可以设为负值，但此时的负值并不表示 x 轴、y 轴的长度为负，而用来规定 x 轴、y 轴的正方向。当 ScaleWidth 属性值为负值时，x 轴的正方向为左；当 ScaleHeight 属性值为负值时，y 轴的正方向为上。

在 VB 6.0 中，除了通过设置 ScaleWidth、ScaleHeight、ScaleTop 和 ScaleLeft 属性来建立坐标系之外，还可以直接使用 **Scale** 方法来快速建立自定义坐标系。其语法结构如下：

```
对象名.Scale(x1,y1)-(x2,y2)
```

其中，**对象名**一般为窗体或图片框的名称，**x1** 相当于 **ScaleLeft** 属性，**y1** 相当于 **ScaleTop** 属性，**x2−x1** 相当于 **ScaleWidth** 属性，**y2−y1** 相当于 **ScaleHeigh** 属性。

9.3.2　添加画线功能的相关代码

1．绘图方法

在 VB 6.0 中，可以采用不同的方法来完成各种简单图形的绘制。与绘图有关的常用方法有 **PSet** 方法、**Line** 方法、**Circle** 方法和 **Cls** 方法。

（1）画点：可以使用 PSet 方法将图片框中的点设置为指定颜色，PSet 方法的语法格式如下：

```
Object.PSet[Step](x,y),[Color]
```

其中，**Object** 可以是图片框、窗体或 Printer 对象，指定在哪个对象上画点，默认为当前窗体；Step 和（x，y）指定了画点的坐标。其中（x，y）是必需的，如果未指明 Step，则（x，y）为绝对坐标，即在坐标（x，y）处画点；如果指明 Step，则（x，y）为相对坐标（相对绘图坐标），即在坐标（CurrentX+x，CurrentY+y）处画点。

可选的参数，Color 指定点的颜色，如果它被省略，则使用当前的 ForeColor 属性值。可用 RGB 函数或 QBColor 函数指定颜色。所画点的尺寸取决于图片框的 DrawWidth 属性值。当前 DrawWidth 为 1 时，PSet 方法将一个像素的点设置为指定颜色。当 DrawWidth 大于 1 时，点的中心位于指定坐标。

画点的方法取决于 DrawMode 和 DrawStyle 的属性值。

执行 PSet 时方法，CurrentX 和 CurrentY 属性被设置为参数指定的点。

（2）画线：可以使用 Line 方法在图片框的两点间画线，Line 方法的语法格式如下：

```
Object.Line[Step](x1,y1)[Step](x2,y2),[Color]
```

其中，Step（x1，y1）和 Step（x2，y2）指定了线的两个端点坐标，具体设置同 PSet 方法；Color 指定了线条的颜色，默认为图片框的 ForeColor。

执行 Line 方法时，CurrentX 和 CurrentY 参数被设置为终点。

（3）画矩形：在 Line 方法后加入参数 B，就可以实现矩形的绘制，其语法格式如下：

```
Object.Line[Step](x1,y1)[Step](x2,y2),[Color],B[F]
```

B 表示以[Step]（x1，y1）和[Step]（x2，y2）为矩形的对角点画矩形，参数 Color 指定了矩形边线的颜色。

可选参数 F 规定了以矩形边框的颜色填充。不能不使用 B 而只使用 F，否则矩形会用图片框当前的 FillColor 和 FillStyle 填充。FillStyle 的默认值为 transparent（透明）。

例如，"Line（500，500）–Step（1000，1000）"将画一个长为 1000 的正方形，而"Line（500，500）–Step（1000，500），BF"将画一个长为"1000"，宽为"500"的实心矩形。

（4）画圆：可以使用 Circle 方法在图片框中画圆，Circle 方法的语法格式如下：

```
Object.Circle[Step](x,y),Radious[,Color]
```

其中，[Step](x，y)指明了圆心的坐标，Radious 为圆的半径，Color 则指明了圆边线的颜色。

执行 Circle 方法时，CurrentX 和 CurrentY 参数被设置为圆心。

（5）画圆弧：使用 Circle 方法还可以在图片框内画圆弧，其语法格式如下：

```
Object.Circle[Step](x,y),Radious[,Color],Start,End
```

其中，Start 和 End 指定了圆弧的起始角度和终止角度，以弧度为单位。如果 Start 或 End 为负数，则 VB 将会画出从圆心到圆弧端点的连线。

（6）画椭圆：画椭圆也是通过 Circle 方法实现的，其语法格式如下：

```
Object.Circle[Step](x,y),Radious,[Color],[Start],[End],Aspect
```

其中，参数 Aspect 为圆的方位比，指定了圆的水平长度和垂直长度之比，可以是小于 1 的小数，但不可以是负数。

如果同时指定 Start 和 End，则会画出一段椭圆的圆弧。

（7）Cls 方法：用 PSet、Line、Circle 方法可以分别画出点、线、圆等图形，但如果想将所画的图形清除，该如何处理呢？VB 6.0 还为用户提供了一种简单方法——Cls 方法。Cls 方法可以同时将图片框或窗体中的所有图形清除，以方便用户重新绘图。其语法结构如下：

```
[对象名].Cls
```

使用 Cls 方法就相当于使用一块橡皮将图片上的所有图形擦除，这时绘图区（图片框）就变成一张"白纸"。

2．添加代码

单击**工程管理器**窗口的**查看代码**按钮，打开**代码编辑器**窗口。

（1）在**代码编辑器**窗口的**对象**下拉列表框中选择 **PicDraw** 选项，在**过程**下拉列表框中选择 **MouseDown** 选项，为 PicDraw_MouseDown 事件添加如下代码：

```
Private Sub PicDraw_MouseDown (Button As Integer,Shift As Integer ,X As
Single,Y As Single)
        Oldx = x
        Oldy= y
End Sub
```

（2）按照步骤（1）的方法，为 PicDraw_MouseUp 事件添加如下代码：

```
Private Sub PicDraw_MouseUp (Button As Integer, Shift As Integer, X As
Single,Y As Single)
        If shape = 0 Then PicDraw.line(oldx,oldy) - (x,y)
        If shape = 1 Then
                PicDraw.Line(oldx,oldy) - (oldx,Y)
                PicDraw.Line(oldx,oldy) - (X, oldy)
                PicDraw.Line(oldx,Y) - (X,Y)
                PicDraw.Line(X,oldy) - (X,Y)
        End If
        If shape = 2 Then
                If Abs (X - oldx) > Abs(Y - oldy) Then
                        Radius = Abs(Y - oldy)
                Else
                        Radius = Abs(Y - oldx)
                End if
                PicDraw.Circle (oldx,oldy),radius
        End If
        If shape = 3 Then
                If Abs (X - oldx)> Abs (Y - oldy) Then
                        Radius = Abs (y - oldy)
                Else
                        Radius = Abs (x -oldx)
```

```
            End if
            PicDraw.Circle(oldx,oldy),radius,,,,0.5
      End if
      Imgshow.Picture = PicDraw.Image
End Sub
```

（3）按照步骤（1）的方法，为 PicDraw_Change 事件添加如下代码：

```
Private Sub PicDraw_Change()
      ImgShow.Picture = PicDraw.Image
End Sub
```

（4）按照步骤（1）的方法，为 Cmdclear_Click 事件添加如下代码：

```
Private Sub Cmdclear_Click()
      PicDraw.Cls
End Sub
```

任务 9.4　其他画图程序

9.4.1　在窗体中绘制颜色不同的大小圆

在窗体中添加一个**命令按钮**控件，当运行程序后，单击**命令按钮**控件，就在窗体中绘制出颜色不同、大小不同的圆，如图 9-7 所示。

（1）新建一个工程，将窗体命名为**大小圆**。

（2）向窗体中添加一个**命令按钮**控件，改名为**画圆**。

（3）双击**命令按钮**，打开代码编辑器窗口，编写如下的代码：

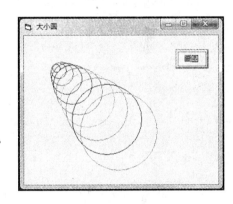

图 9-7　大小圆程序运行效果

```
Private Sub Command1_Click()
      CurrentX = 800
      CurrentY = 800
      For i = 1 To 10
            Circle (CurrentX + 30 * i, CurrentY + 30 * i), 100 * i, QBColor(i)
      Next
End Sub
```

（4）运行并保存工程。

9.4.2　绘制同心圆和同心矩形

在窗体中添加两个**命令按钮**控件和一个图片框控件，当单击**画同心圆**按钮时，在图片框中绘制出颜色不同的同心圆；当单击**画同心矩形**按钮时，在图片框中绘制出颜色不同的同心矩形；

如图9-8和图9-9所示。

（1）新建一个工程，将窗体命名为同心圆和同心矩形。

（2）向窗体中添加两个**命令按钮**控件，将Caption属性分别改为画同心圆和画同心矩形；再添加一个**图片框**控件。

图9-8　画同心圆的效果

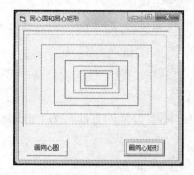

图9-9　画同心矩阵的效果

（3）双击**画同心圆**按钮，打开代码编辑器窗口，编写如下代码：

```
Private Sub Command1_Click()
    Picture1.Cls
    Picture1.Scale (-100, 100) - (100, -100)
    r = 10
    For i = 1 To 10
        Picture1.Circle (0, 0), r + 5 * i, QBColor(i)
    Next i
End Sub
```

（4）双击**画同心矩形**按钮，打开代码编辑器窗口，编写如下代码：

```
Private Sub Command2_Click()
    Picture1.Cls
    Picture1.Scale (-100, 100) - (100, -100)
    r = 10
    For i = 1 To 10
        r = r + 3 * i
        Picture1.Line (r + 3, r)-(-r - 3, -r), QBColor(i), B
    Next i
End Sub
```

（5）运行并保存工程。

项目拓展　设计一个时钟

设计思路

利用**直线**控件和基本绘图方法设计一个带有秒针、分针、时针的时钟，它能以时钟的形式显示当前的系统时间，其界面如图 9-10 所示。

（1）新建一个工程，命名为**时钟**。

（2）向窗体中添加一个**计时器**控件和一个**直线**控件（建立直线控件数组，只画出 Line1（0），长度和位置自定）。

（3）在窗体的加载事件中编写如下代码：

图 9-10　时钟运行效果

```
Private Sub Form_Load()
    Form1.BackColor = RGB(150, 200, 200)
    Timer1.Interval = 1000
    Form1.Width = 4000
    Form1.Height = 4000
    Form1.Left = Screen.Width \ 2 - 2000
    Form1.Top = (Screen.Height - Height) \ 2
End Sub
```

（4）在窗体的初始化事件中编写如下代码：

```
Private Sub Form_Resize()
    Dim i, Angle
    Static flag As Boolean
    If flag = False Then
        flag = True
        For i = 0 To 14
            If i > 0 Then Load Line1(i)
            Line1(i).Visible = True
            Line1(i).BorderWidth = 5
            Line1(i).BorderColor = QBColor(i)
        Next i
    End If
    Scale (-1, 1)-(1, -1)
    For i = 0 To 14
        Angle = i * 2 * Atn(1) / 3
        Line1(i).X1 = 0.9 * Cos(Angle)
        Line1(i).Y1 = 0.9 * Sin(Angle)
        Line1(i).X2 = Cos(Angle)
        Line1(i).Y2 = Sin(Angle)
    Next i
End Sub
```

（5）在计时器事件中编写如下代码：

```
Private Sub Timer1_Timer()
    Const HH = 0
    Const MH = 13
```

```
        Const SH = 14
        Dim Angle
        Angle = 0.5236 * (15 - (Hour(Now) + Minute(Now) / 60))
        Line1(HH).X1 = 0
        Line1(HH).Y1 = 0
        Line1(HH).X2 = 0.3 * Cos(Angle)
        Line1(HH).Y2 = 0.3 * Sin(Angle)
        Angle = 0.1047 * (75 - (Minute(Now) + Second(Now) / 60))
        Line1(MH).BorderWidth = 3
        Line1(MH).X1 = 0
        Line1(MH).Y1 = 0
        Line1(MH).X2 = 0.7 * Cos(Angle)
        Line1(MH).Y2 = 0.7 * Sin(Angle)
        Angle = 0.1047 * (75 - Second(Now))
        Line1(SH).BorderWidth = 1
        Line1(SH).X1 = 0
        Line1(SH).Y1 = 0
        Line1(SH).X2 = 0.8 * Cos(Angle)
        Line1(SH).Y2 = 0.8 * Sin(Angle)
        Form1.Caption = Str(Date + Time())
    End Sub
```

（6）运行并保存工程。

知识拓展

Teechart 是 Teechart for .NET、TeeChart Pro ActiveX V2010 等控件的简称，是由 Steema 公司研发的一系列图表控件。它是已经被封装好的产品，所以使用方便，可控性强。如果需要在程序中制作曲线图、条状图、饼状图等，使用这个控件会很便捷。

课后练习与指导

一、选择题

1. 下面程序段的循环结构执行后的输出值是（   ）。

```
For I=1 to 10 step 2
y=y+I
Next I
print I;
```

　A. 25　　　　　B. 10　　　　C. 11　　　D. 因为 Y 的初值不知道，所以不确定

2. 下列程序段的执行结果（   ）。

```
a="abbacddcba"
for I=6 to 2 step -2
x=mid(a,I,I)
```

```
y=left(a,I)
z=right(a,I)
z=x & y & z
next I
print Ucase(z)
```

　　A．ABA　　　　　B．AABAAB　C．BBABBA　　　D．ABBABA

3．下列语句输出结果是（在立即窗口中）（　　）。

```
a="Beijing"
b="ShangHai"
Print a;b
```

　　A．Beijing ShangHai　　　　　B．Abeijing ShangHai
　　C．BeijingShangHai　　　　　D．Abeijing

4．有如下程序：

```
For I=1 To 3
    For j=5 To 1 Step-1
Print I+j Next j,I
```

其循环执行的次数为（　　）。

　　A．12　　　　　B．13　　　　C．14　　　　D．15

5．有如下程序段，该程序执行后，变量a的值为（　　）。

```
For I=1 To 2
For J=I To 2
For K=1 To J
a=a+2
Next K
Next J
Next I
```

　　A．2　　　　　B．8　　　　C．10　　　　D．20

6．下列程序执行后，变量a的值为（　　）。

```
Dim I as integer
dim a as integer
a=0
for I=0 to 100 step 2
a=a+1
next I
```

　　A．1　　　　　B．10　　　　C．51　　D．100

7．下列程序执行后，x的值为（　　）。

```
x=3
y=6
Do While y<=6
```

```
x=x*y
y=y+1
Loop
```

    A．3   B．6   C．18   D．20

8．下列程序段执行后，整型变量 c 的值为（　　　　）。

```
a=24
b=328
select case b\10
case 0
c=a*10+b
case 1 to 9
c=a*100+b
case 10 to 99
c=a*1000+b
end select
```

    A．537   B．2427   C．24328   D．240328

9．下列程序段执行后，循环将执行（　　　　）次。

```
For  I=1.7 To 5.9 Step 0.9
a=a+1
Print a
Next I
```

    A．3   B．4   C．5   D．6

10．有如下语句，执行后该语句的循环次数是（　　　　）。

```
Dim s,I,j as integer
For I =1 to 3
For j=3 To 1  Step-1
S=I*j
Next j
Next I
```

    A．9   B．10   C．3   D．4

11．有如下程序，该程序将（　　　　）。

```
For I=1 to 10 step 0
K=k+2
Next I
```

    A．形成无限循环   B．循环体执行一次后结束循环

    C．语法错误   D．循环体不执行即结束循环

12．有如下程序段，该程序段执行完毕后，共循环了（　　　　）项。

```
For I=1 To 5
For j=1 To I
For k=j To 4
```

```
Print "a"
Next k
Next j
Next I
```
　　A．4　　　　　　　　B．5　　　　　　　　C．38　　　　　　　　D．40

13．下列程序运行结果为（　　）。

```
Dim k As Integer
n=5:m=1:k=1
Do While k<=n
m=m*2
k=k+1
Loop
Print m
```
　　A．1　　　　　　　　B．5　　　　　　　　C．32　　　　　　　　D．40

14．以下程序输出 1～1000 之间所有的偶数之和，则下划线处应填入（　　）。

```
Private Sub Command_Click()
Dim x As Double
For I=0 To 1000
If ____ Then
x=x+I
End If
Next I
Print x
End Sub
```
　　A．i Mod 2 = 0　　　B．x Mod 2 = 0　　　C．I Mod 2 <> 0　　D．x Mod 2 <> 0

15．以下是计算 10 的阶乘的程序。则下划线处应填入（　　）。

```
Dim t as single
Dim k as Integer
k=0:t=1
While_____
k=k+1
t=t*k
Wend
Print t
```
　　A．k<10　　　　　　B．k>10　　　　　　C．k=10　　　　　　D．k>=10

16．如果一个直线控件在窗体上呈现为一条垂直线，则可以确定的是（　　）。
　　A．它的 Y1、Y2 属性的值相等
　　B．它的 X1、X2 属性的值相等
　　C．它的 X1、Y1 属性的值分别与它的 X2、Y2 属性的值相等
　　D．它的 X1、X2 属性的值分别与它的 Y1、Y2 属性的值相等

二、判断题

1．在 VB 中，要使一个窗体不可见，但不从内存释放，应使用 UnLoad 语句。（　　）

2．要想改变一个窗体的标题内容，则应该设置 Name 属性的值。　　　　　　　（　　）

3．要使窗体 Form1 的标题栏显示"正在复制文件…"，应在代码中输入：Form1.Text="正在复制文件…"。　　　　　　　　　　　　　　　　　　　　　　　　　　　　　（　　）

4．要使文本框在程序运行时不能由用户直接输入数据，应设置文本框的 Visible 属性设置为 False。　　　　　　　　　　　　　　　　　　　　　　　　　　　　　　　　（　　）

5．要禁用计时器控件，需要将 Visible 属性设置为 False。　　　　　　　　　　（　　）

6．要获得文件列表框中当前被选中的文件的文件名，则应使用 Filename。　　　（　　）

7．要获得当前驱动器应使用驱动器列表框的 Dir 属性。　　　　　　　　　　　（　　）

8．使用 a=b:b=a 语句可以将变量 A 和 B 的值互换。　　　　　　　　　　　　（　　）

9．将当前窗体中显示的文字及绘制的图形全部清除，可以使用方法 me.cls。　　（　　）

10．控件的事件过程内容决定了事件发生时的执行代码。　　　　　　　　　　　（　　）

11．通常，文本框的 Setfocus 方法不能使用在 Form_load 事件中。　　　　　　（　　）

12．在一个语句行内写多条语句时，语句之间应该用逗号分隔。　　　　　　　　（　　）

13．在语句 Label1.caption="欢迎"被执行之前，标签控件 Label1 的 Caption 属性为默认值，则该语句被执行后，标签控件 Label1 的 Name 属性和 Caption 属性的值分别为"label"、"欢迎"。
　　　　　　　　　　　　　　　　　　　　　　　　　　　　　　　　　　　　（　　）

14．在 VB 中，要将一个窗体从内存中释放，应使用 Load 语句。　　　　　　　（　　）

15．在 VB 中，按文件的访问方式不同，可以将文件分为数据文件和可执行文件。
　　　　　　　　　　　　　　　　　　　　　　　　　　　　　　　　　　　　（　　）

三、实践题

1．以窗体的中心为原点，当单击窗体时，在窗体中绘制出不同半径和不同颜色的圆，运行结果如图 9-11 所示。

2．在图形框内绘制 y=sinx 在[-π，π]的图形。运行结果如图 9-12 所示。

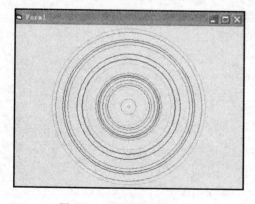

图 9-11　不同圆运行结果

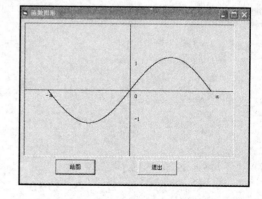

图 9-12　y=sinx 图形运行结果

多媒体控件——制作 CD 播放机

你知道吗？

如果要从硬件上来印证多媒体技术发展时间，准确地说多媒体技术应该是在 PC 上第一块声卡出现后发展起来的。早在没有声卡之前，显卡就出现了，至少显示芯片已经出现了。显示芯片的出现自然标志着计算机已经初具处理图像的能力，但是这不能说明当时的计算机可以发展多媒体技术，20 世纪 80 年代声卡的出现，不仅标志着计算机具备了音频处理能力，也标志着计算机的发展终于开始进入了一个崭新的阶段：多媒体技术发展阶段。1988 年 MPEG（Moving Picture Expert Group，运动图像专家小组）的建立又对多媒体技术的发展起到了推动作用。进入 20 世纪 90 年代，随着硬件技术的提高，自 80486 以后，多媒体时代终于到来。

应用场景

如今，除了专业的音乐、视频、动画播放器程序之外，为了强化用户的使用感受，很多程序也会提供启动音效、关闭音效、背景音乐、动画界面乃至嵌入式的视频窗口，这些功能的实现，都需要使用到多媒体控件。

背景知识

在计算机系统中，组合两种或两种以上媒体的一种人机交互式信息交流和传播媒体称为多媒体。多媒体技术是当今信息技术领域发展最快、最活跃的技术，是新一代电子技术发展和竞争的焦点。多媒体技术融计算机、声音、文本、图像、动画、视频和通信等多种功能于一体。

设计思路

本项目使用 VB 6.0 开发一个简单的 CD 播放机应用程序，如图 10-1 所示，通过本项目的开发，学习 VB 6.0 多媒体控件的添加、使用并会进行多媒体编程。

当单击**播放**按钮时，就播放相应的 CD 曲目；单击**暂停**按钮时，则暂停播放当前的歌曲；当单击**下一首**按钮时，则播放下一首 CD 曲目；当单击**返回**按钮时，则返回当前正在播放的歌曲的开始位置，如果再次单击，则返回上一首歌曲的开始位置；当单击**弹出**按钮时，光盘从光驱中退出，再次单击此按钮，则关闭光驱。在歌曲播放的过程中，左边的标签会显示当前播放歌曲的相关信息。

图 10-1　CD 播放机界面

任务 10.1 了解多媒体控件及其属性

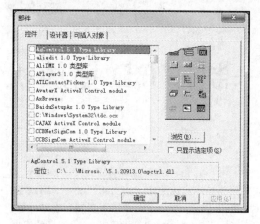

图 10-2 部件对话框

在前面的项目中我们所使用的控件都在工具箱中，可以直接将其拖动到窗体中，但在 VB 6.0 中有一些控件没有在工具箱中，必须先通过其他方法将其添加到工具箱中才可以使用。

选择**工程→部件**选项，或在工具箱中右击，然后在弹出的快捷菜单中选择**部件**选项，系统立即打开**部件**对话框，在该对话框中就可以选择需要的控件，如图 10-2 所示。

多媒体控件除了具有一些和其他控件共有的属性外，还有一些自己特有的属性。

（1）AutoEnable 属性：决定是否自动检查 MMControl 控件各按钮的状态，默认为自动检查。

（2）PlayEnabled 属性：决定 MMControl 控件各按钮是否处于有效状态，默认为无效状态。

（3）Filename 属性：用于设置 MMControl 控件控制操作的多媒体文件名。

（4）From 属性：用于返回 MMControl 控件播放文件的起始时间。

（5）Length 属性：用于返回 MMControl 控件播放文件的长度。

（6）Position 属性：用于返回已打开的多媒体文件的位置。

（7）Command 属性：有 14 个值，可以选择 14 个选项，其中几个常用的选项如下：

① Open：打开一个由 Filename 属性指定的多媒体文件。

② Play：播放打开的多媒体文件。

③ Stop：停止正在播放的多媒体文件。

④ Pause：暂停正在播放的多媒体文件。

⑤ Back：后退指定数目的画面。

⑥ Step：前进指定数目的画面。

⑦ Prev：回到本磁道的起始点。

⑧ Close：关闭已打开的多媒体文件。

任务 10.2 建立可视化用户界面

10.2.1 添加基本控件

向窗体上添加 6 个标签，6 个单选按钮，1 个图像框。调整各控件的位置，最后程序界面如图 10-3 所示。

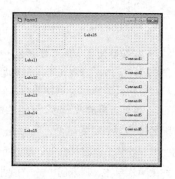

图 10-3 程序界面

10.2.2　添加多媒体控件

在向窗体添加了一些基本控件后，下面要添加多媒体控件（MMcontrol）。

选择工程→**部件**选项，打开**部件**对话框，选择其中的多媒体控件 **Microsoft Multimedia Control 6.0**，单击**确定**按钮。此时，多媒体控件就添加到工具箱中，通常称为 Multimedia MCI 控件。MCI（Media Control Interface，媒体控件接口）为多种多媒体设备提供了一个公用接口，Multimedia MCI 控件可管理媒体控制接口，设备上的多媒体文件的记录与回放。实际上，这种控件就是一组按钮，它用来向多媒体设备发出 MCI 命令。

当把多媒体控件添加到窗体中时，它的外观如图 10-4 所示，它实际上是由一系列按钮组成的，其外观和按钮的功能与平常使用的录音机、录像机相似。

图 10-4　多媒体控件外观

10.2.3　设置控件属性

在本项目中，一共添加了 6 个命令按钮，6 个标签，1 个图像框和 1 个多媒体控件，它们的属性设置如表 10-1 所示。

表 10-1　控件属性设置

控　件	属　性	设　置	控　件	属　性	设　置
窗体	Caption	CD 播放器	命令按钮 2	（名称）	Command2
标签 1	（名称）	Label1		Caption	暂停
	Caption	CD 总曲目数为：	命令按钮 3	（名称）	Command3
标签 2	（名称）	Label2		Caption	下一首
	Caption	正在播放第几首歌曲	命令按钮 4	（名称）	Command4
标签 3	（名称）	Label3		Caption	返回
	Caption	当前轨道长度为：	命令按钮 5	（名称）	Command5
标签 4	（名称）	Label4		Caption	弹出
	Caption	当前的位置是：	命令按钮 6	（名称）	Command6
标签 5	（名称）	Label5		Caption	停止
	Caption	总长度为：	MMControl 控件	Caption	MMControl
标签 6	（名称）	Label6		UpdateInterval	2000
	Caption	CD 播放器		Visible	False
命令按钮 1	（名称）	Command1		Enabled	False
	Caption	播放			

任务 10.3　编写控件响应事件的代码

在程序中，将多媒体控件的 Enabled 和 Visible 属性设置为 False，就是为了只利用控件的多媒体功能，通过自己设计的按钮来控制 CD 播放机的使用。而属性 UpdateInterval 用来指定产生 StatusUpdate 事件的时间间隔，这里设置成 2000ms，即每 2s 产生一次 StatusUpdate 事件。

程序代码如下：

（1）为窗体添加代码：

```
Private Sub Form_Load()
    MMControl1.DeviceType="CDAudio"        '指定 MCI 设备类型
    MMControl1.Command="Open"              '打开 MCI 设备
    MMControl1.TimerFormat=10              '设定时间格式
    Label1.Caption="CD 总曲目数为:"&MMControl1.Tracks
                                           '将 CD 上的歌曲总数目显示在标签 1 上
    Label2.Caption="现在播放第几首歌曲"    '还没有开始播放时显示的字符串
    Label5.Caption="总长度:"+Str$(MMControl1.Length)
                                           '显示设备上所使用的媒体文件的长度
End Sub
```

（2）为 **MMControl** 按钮添加代码：

```
Private Sub MMControl_StatusUpdate()
    Label4.Caption="当前位置是: "+Str$(MMControl1.Position)
    Label3.Caption="当前轨道长度是: "+Str$(MMControl1.TrackLength)
    Label2.Caption="现在播放第"+Str$(MMControl1.TrackPosition) +"曲目"
End Sub
```

（3）为**播放**按钮添加代码：

```
Private Sub Command1_Click()
    MMControl1.Command="play"  ' 播放
End Sub
```

（4）为**暂停**按钮添加代码：

```
Private Sub Command2_Click()
    MMControl1.Command="pause"  ' 暂停
End Sub
```

（5）为**下一首**按钮添加代码：

```
Private Sub Command3_Click()
    MMControl1.Command="next"  ' 下一首
End Sub
```

（6）为**返回**按钮添加代码：

```
Private Sub Command4_Click()
    MMControl1.Command="prev"  '返回
End Sub
```

（7）为**弹出**按钮添加代码：

```
Private Sub Command5_Click()
    MMControl1.Command="eject"  '弹出
End Sub
```

（8）为**停止**按钮添加代码：

```
Private Sub Command4_Click()
    MMControl1.Command="stop"  '停止
End Sub
```

（9）当应用程序停止执行并退出时，执行 Unload 事件，关闭多媒体设备：

```
Private Sub Form_Unload(Cancel As Integer)
    MMControl1.Command="close"  '关闭 MMControl 控件
End Sub
```

任务 10.4　制作多媒体播放器

图 10-5　多媒体播放器界面

设计一个程序，实现**多媒体播放器**功能，能够播放常见的音频文件，程序运行结果如图 10-5 所示。

10.4.1　了解 Slider 控件

Slider 控件是包含滑块和可选择性刻度标记的控件，用户可以通过选择**工程→部件→Microsoft Windows Common Controls 6.0** 选项将它加到工具箱中，它的主要属性和事件如下：

（1）Min、Max 属性：Min 属性决定滑块最左端或最顶端所代表的值，Max 属性决定滑块最右端或最下端所代表的值。

（2）SmallChange、LargeChange 属性：SmallChange 属性决定在滑块两端的箭头按钮上单击时改变的值；LargeChange 属性决定在滑块上方或下方区域单击时改变的值。

（3）Value 属性：代表当前滑块所处位置的值，这个值由滑块的相对位置决定。

（4）Change 事件：当滑块位置发生变化时就触发了 Change 事件。

10.4.2　设置程序界面

（1）新建一个工程，命名为**多媒体播放器**。

（2）向窗体中添加 1 个标签控件，1 个多媒体控件，5 个命令按钮控件，1 个通用对话框控件，1 个计时器控件，1 个 Slider 控件。

（3）调整、编辑相关控件。摆放好控件的位置，改变控件的大小至合适。

10.4.3　编写事件代码

（1）初始化代码：

```
Dim filename As String
Dim ste As Integer
Private Sub Form_Load()
```

```
        cmdplay.Enabled = False
        cmdstop.Enabled = False
        cmdprev.Enabled = False
        MMControl1.Visible = False
        Slider1.Enabled = False
        Timer1.Enabled = False
        ste = -6
    End Sub
```

（2）为**退出按钮**添加代码：

```
Private Sub cmdexit_Click()              '退出程序
        End
End Sub
```

（3）为**打开按钮**添加代码：

```
Private Sub cmdopen_Click()              '打开多媒体文件
        CommonDialog1.Filter = "mp3(*.mp3)|*.mp3|cd 音频(*.wav)|*.wav|windows"
        CommonDialog1.ShowOpen
        On Error Resume Next
        If CommonDialog11.filename <> "" Then
            filename = CommonDialog1.filename
            MMControl1.filename = filename
            MMControl1.Command = "open"
            cmdplay.Enabled = True
            cmdstop.Enabled = True
            cmdprev.Enabled = True
        End If
End Sub
```

（4）为**播放按钮**添加代码：

```
Private Sub cmdplay_Click()              '播放多媒体文件
        Dim fs As New FileSystemObject
        filename1 = fs.getbasename(filename) & "." & fs.getextensionname(filename)
        MMControl1.Command = "play"
        cmdstop.Enabled = True
        Label1.Caption = "正在播放: " & filename
        Slider1.Max = MMControl1.Length
        Slider1.Min = MMControl1.From
        Slider1.LargeChange = (Slider1.Max - Slider1.Min)
        Slider1.SmallChange = Slider1.larfechange / 2
        Slider1.Enabled = True
        Timer1.Enabled = True
End Sub
```

（5）为**倒回**按钮添加代码：

```
Private Sub cmdprev_Click()                '回到起始点
    MMControl1.Command = "prev"
End Sub
```

（6）为**停止**按钮添加代码：

```
Private Sub cmdstop_Click()                '停止多媒体文件播放
    cmdstop.Enabled = False
    MMControl1.Command = "stop"
    Timer1.Enabled = False
End Sub
```

（7）为**计时器**按钮添加代码：

```
Private Sub Timer1_Timer()
    Slider1.Value = MMControl1.Position
    If Label1.Left <= 0 Then
    ste = 6
    ElseIf Label1.Left >= Me.Width -Label1.Width Then
    ste = -6
    End If
    Label1.Left = Label1.Left + ste
End Sub
```

（8）运行并保存工程。

项目拓展 10.5　制作 Flash 播放器

设计思路

制作一个 Flash 播放器，界面如图 10-6 所示，当单击**打开**按钮时，能够打开计算机上相应的动画文件，单击**播放**按钮时，能播放动画。

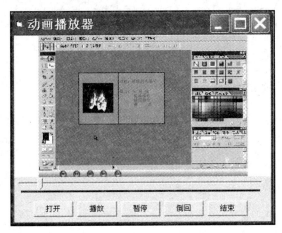

图 10-6　项目拓展运行效果

10.5.1 了解 ShockwaveFlash 控件

ShockwaveFlash 控件是 VB 中制作动画播放的主要控件，用户可以通过选择工程→部件→**ShockwaveFlash** 选项将它加到工具箱中，它的主要属性如表 10-2 所示。

表 10-2 ShockwaveFlash 主要属性

属　　性	值	含　　义
Loop	True	循环播放
	False	不循环播放
Playing	True	播放
	False	停止
Menu	True	显示 Flash 动画的标题菜单
	False	不显示 Flash 动画的标题菜单
Movie		Flash 动画文件路径
FrameNum		帧数

10.5.2 设置界面并编写代码

（1）新建一个工程，命名为**动画播放器**。

（2）向窗体添加 5 个**命令按钮**控件，1 个**通用对话框**控件，1 个**计时器**控件，1 个 **Slider** 控件，1 个 **ShockwaveFlash** 控件。

（3）编辑相关控件，调整控件的位置。

（4）运行，保存工程。

程序代码如下：

① 为**打开**按钮添加代码：

```
Private Sub Command1_Click()
    CommonDialog1.Filter = "(*.swf)|*.swf|(all files)|*.*"
    CommonDialog1.ShowOpen
    ShockwaveFlash1.Movie = CommonDialog1.FileName
    Slider1.Min = 0
    Slider1.Max = ShockwaveFlash1.TotalFrames
End Sub
```

② 为**结束**按钮添加代码：

```
Private Sub Command2_Click()
    Unload Form1
End Sub
```

③ 为**倒回**按钮添加代码：

```
Private Sub Command3_Click()
    ShockwaveFlash1.Rewind
End Sub
```

④ 为**暂停**按钮添加代码：

```
Private Sub Command4_Click()
    ShockwaveFlash1.Stop
End Sub
```

⑤ 为**播放**按钮添加代码：

```
Private Sub Command5_Click()
    ShockwaveFlash1.Play
End Sub
```

⑥ 为**滚动条**添加代码：

```
Private Sub Slider1_Click()
    ShockwaveFlash1.FrameNum = Slider1.Value
    ShockwaveFlash1.Play
End Sub
```

⑦ 为**计时器**添加代码：

```
Private Sub Timer1_Timer()
    Slider1.Value = ShockwaveFlash1.FrameNum
End Sub
```

知识拓展

由于多媒体系统需要将不同的媒体数据表示成统一的结构码流，然后对其进行变换、重组和分析处理，以进行进一步的存储、传送、输出和交互控制。所以，多媒体的传统关键技术主要集中在以下 4 类：数据压缩技术、大规模集成电路（VLSI）制造技术、大容量的光盘存储器、实时多任务操作系统。因为这些技术取得了突破性的进展，多媒体技术才得以迅速发展，而成为像今天这样具有强大的处理声音、文字、图像等媒体信息能力的高科技技术。

但说到当前要用于互联网络的多媒体关键技术，有些专家却认为可以按层次将其分为媒体处理与编码技术、多媒体系统技术、多媒体信息组织与管理技术、多媒体通信网络技术、多媒体人机接口与虚拟现实技术，以及多媒体应用技术这 6 个方面。还应该包括多媒体同步技术、多媒体操作系统技术、多媒体中间件技术、多媒体交换技术、多媒体数据库技术、超媒体技术、基于内容检索技术、多媒体通信中的 QoS 管理技术、多媒体会议系统技术、多媒体视频点播与交互电视技术、虚拟实景空间技术等。

课后练习与指导

一、选择题

1. 下列程序的运行后 s 的值是（　　　）。

```
s=0
For x=99 to 1 Step-2
```

```
s=s+x
Next x
Print s
```

    A. 100   B. 500   C. 2500   D. 5000

2. 下列程序的执行结果为（   ）。

```
K=0
For I=1 To 3
a=I^I^K
print a;
Next I
```

    A. 1 1 1   B. 1 2 3   C. 0 0 0   D. 1 4 9

3. 下列程序的执行结果为（   ）。

```
Dim a(5) As String
Dim b As Integer
Dim I As Integer
For I =0 To 5
a(I)=I+1
Print a(I)
Next I
```

    A. 123456   B. 6   C. 654321   D. 0

4. 下列程序的执行结果为（   ）。

```
Dim intsum As Integer
Dim I As Integer
intsum=0
For I=20.2 To 5 Step -4.7
intsum=intsum +I
Next I
Print intsum
```

    A. 150   B. 200   C. 50   D. 0

5. 下列程序的执行结果为（   ）。

```
Dim S As Integer,n As Integer
S=0:n=1
Do While n<=100
S=S+n
n=n+1
Loop
Print S
```

    A. 5050   B. 2500   C. 3000   D. 4000

6. 下列程序的执行结果为（   ）。

```
a=100:b=50
If a>b Then
a=a-b
Else
b=b+a
End if
Print a
```

　　A. 50　　　　　　B. 100　　　　　C. 200　　　　　　D. 10

7. 下列程序的执行结果为（　　）。

```
Dim intsum As Integer
Dim I As Integer
intsum=0
For I=0 To 50 Step 10
intsum=intsum+I
Next I
Print intsum
```

　　A. 150　　　　　　B. 200　　　　　C. 50　　　　　　D. 0

8. 下面程序执行后，X 的结果为（　　）。

```
X=0
For I =1 to 5
For j=I to 5
X=X+1
Next j
Next I
Print X
```

　　A. 5　　　　　　B. 10　　　　　C. 15　　　　　　D. 20

9. 下列程序的执行结果为（　　）。

```
Private Sub Form_Click()
    A$="123":B$="456"
    C=Val(A$)+Val(B$)
    Print C\100
End Sub
```

　　A. 123　　　　　　B. 3　　　　　C. 5　　　　　　D. 579

10. 下列循环语句将执行（　　）次。

```
a=100
Do
Print a
a=a+1
Loop until a<=10
```

　　A. 1　　　　　　B. 10　　　　　C. 100　　　　　　D. 死循环

二、填空题

1．x、y 中至少有一个变量小于变量 z 的 VB 表达式为 x<z_____y<z。

2．以下程序段的运行结果是_____。

```
num=0
While num<=2
num=num+1
Wend
Print num
```

3．如果为某个菜单选项设计分隔线，则该菜单选项的标题应设置为_____。

4．在 VB 中按文件的访问方式不同，可以将文件分为顺序文件、随机文件和_____。

5．如果有 3 个单选按钮直接画在窗体中，另有 4 个单选按钮画在框架中，则运行时，可以同时选中_____个选项按钮（提示：该题答案不能出现汉字）。

6．以下语句的执行结果是_____。

```
I=Format(5459.4,"##,##0.00")
Print I
```

7．_____属性为列表框中的每个列表项设置一个对应的数值，它是一个整数数组，数组大小与列表项的个数一致。

8．在窗体中添加一个命令按钮（其 Name 属性为 CommAnd1），然后编写如下代码：

```
Private Sub CommAnd1_Click()
Dim M(10) As Integer
For k=1 To 10
M(k)=12-k
Next k
x=6
Print M(2+M(x))
End Sub
```

程序运行后，单击命令按钮，输出结果是_____。

9．当程序开始运行时，要求窗体中的文本框呈现空白，则在设计时，应当在此文本框的属性窗口中，把此文本框的____属性设置为空。

10．将数据从内存写入随机文件，写入语句的格式是_____[#]文件号，[记录号]，自定义变量名。

图 10-7　示例窗体

三、实践题

1．使用 MMControl 控件和基本控件设计一个动画播放器。

2．在窗体中添加一个名称为 List1 的列表框和一个名称为 Text1 的文本框，如图 10-7 所示。编写窗体的 MouseDown 事件过程。程序运行后，如果单击窗体，则从键盘上输入要添加到列表框中的项目（内容任意，不少于 3 个）；如果右击窗体，则从键盘上输入要删除的项目，将其从列表框中删除。以下程序不完整，请把它补充完整，并能正确运行。

要求： 把程序中的？改为适当的内容，使其正确运行，但不能修改程序中的其他部分。

```
Private Sub Form_MouseDown(Button As Integer,  Shift As Integer, X As Single,
          Y As Single)
    If Button = 1 Then
    Text1.Text = InputBox("请输入要添加的项目")
    'List1.AddItem ?
    End If
    If Button = 2 Then
    Text1.Text = InputBox("请输入要删除的项目")
    'For i = 0 To ?
    'If List1.List(i) = ? Then
    'List1.RemoveItem ?
    End If
    Next i
    End If
End Sub
```

数据库——设计学生成绩管理系统

你知道吗?

数据库（Database）是按照数据结构来组织、存储和管理数据的库，它产生于距今50年前，随着信息技术和市场的发展，特别是20世纪90年代以后，数据管理不再仅仅是存储和管理数据，而转变成用户所需要的各种数据管理的方式。数据库有很多种类型，从最简单的存储有各种数据的表格到能够进行海量数据存储的大型数据库系统都在各个方面得到了广泛的应用。

应用场景

若只需要对数据进行存档，不需要频繁的读写和修改，我们可以选择使用文件的方式存储数据。而日常应用中，有很多数据需要极其频繁地查询、修改与统计，如学生名册、银行账单等。如果使用文件存储学生信息，在上万个学生中查找某一个学生的信息是需要耗费很长时间的。同时，如果需要计算某大型银行某几个月的收支情况，手动去累加数据也不是一个明智的选择。数据库是当前计算机行业解决类似需求的不二选择。

背景知识

数据库指的是以一定方式储存在一起、能为多个用户共享、具有尽可能小的冗余度、与应用程序彼此独立的数据集合。

在经济管理的日常工作中，常常需要把某些相关的数据放进这样的"仓库"，并根据管理的需要进行相应的处理。例如，企业或事业单位的人事部门常常要把本单位职工的基本情况（职工号、姓名、年龄、性别、籍贯、工资、简历等）存放在表中，这张表就可以看做一个数据库。有了这个"数据仓库"，我们就可以根据需要随时查询某职工的基本情况，也可以查询工资在某个范围内的职工人数等。这些工作如果都能在计算机上自动进行，那人事管理就可以达到极高的水平。此外，在财务管理、仓库管理、生产管理中也需要建立众多的这种"数据库"，使其可以利用计算机实现财务、仓库、生产的自动化管理。

设计思路

本项目使用VB 6.0开发一个简单的学生成绩管理系统，如图11-1所示，这个系统提供了简单的学生基本信息及成绩的输入、修改和查询功能。

通过本项目的开发，学习VB 6.0和ADO技术编制数据库访问应用程序的基本过程和方法。

图 11-1　学生成绩管理系统界面

任务 11.1 设计数据库

11.1.1 了解 ADO

ADO 是目前应用范围最广的数据访问接口，在 VB 中可以非常方便地使用 ADO 数据控件和 ADO 编程模型访问各种类型的数据库。Access 是常用的桌面数据库系统，VB+Access 被人们称为创建桌面数据库应用系统的"黄金搭配"。

本项目设计采用 VB+ADO+Access，创建一个简单的学生成绩管理系统，系统的主要功能如下。

（1）课程管理：包括课程信息的输入和修改。

（2）成绩管理：包括成绩信息的输入、修改和查询。

（3）系统管理：包括添加用户、删除用户、设置权限和修改密码。

系统功能模块如图 11-2 所示。

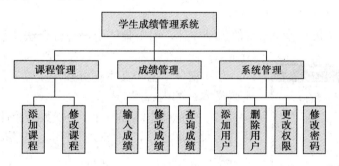

图 11-2 系统功能模块

11.1.2 设计学生成绩管理系统数据库

创建一个学生成绩管理系统，可以完成学生基本信息及成绩的输入、修改和查询。下面讲述其具体步骤。

（1）建立**学生信息数据库**。利用 Microsoft Access 或 VB 中的**可视化数据管理器**建立数据库，名称为 Student.mdb。

（2）建立**数据表**。在 Student.mdb 数据库中建立 3 个表：成绩表、课程信息表、用户表。

① 成绩表。该表存放学生成绩，名称为**成绩**，结构如下所示。

字段名：学号，类型为文本（Text）类型，大小为 20，为主索引。

字段名：姓名，类型为文本（Text）类型，大小为 10。

字段名：性别，类型为文本（Text）类型，大小为 2。

字段名：课程，类型为文本（Text）类型，大小为 20。

字段名：分数，类型为整型（Integer）类型。

② 课程信息表。该表存放课程信息，名称为**课程信息**，结构如下所示。

字段名：课号，类型为文本（Text）类型，大小为 10，为主索引。

字段名：课程，类型为文本（Text）类型，大小为 20。

③ 用户表。该表存放用户登录信息，名称为**用户**，结构如下所示。

字段名：用户名，类型为文本（Text）类型，大小为 16，为主索引。

字段名：密码，类型为文本（Text）类型，大小为 16。

字段名：权限，类型为文本（Text）类型，大小为 10。

在用户表中暂时存放两条记录，内容如下：

用户名为 admin，密码为 123456，权限为管理员；用户名为 user，密码为 123，权限为普通。

任务 11.2　设计用户登录界面

11.2.1　设计界面

本窗体（frmLogin）作为系统的启动窗体，用于验证用户是否合法，运行时界面如图 11-3 所示。

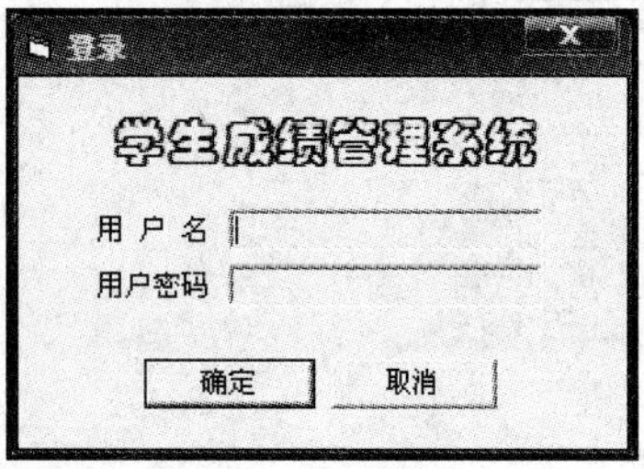

（1）窗体中两个文本框分别用于输入用户名和密码，其中密码文本框的内容用*显示。

（2）在窗体中添加一个 ADO 数据控件，设 Visible=False，将其与数据库连接，用 SQL 语句将记录员与数据库中的用户表绑定。

（3）单击**确定**按钮后，查询用户表中是否有相符的用户名和密码，若不符，则提示重新输入，光标定位于文本框。如果 3 次输入错误，则退出系统。若输入正确，则将用户名和用户权限保存在全局变量中，显示系统主窗体，卸载本窗体。

图 11-3　用户登录界面

（4）单击**取消**按钮，退出系统。

保存用户名和用户权限需要建立一个标准模块（Module1），用 Public 关键字声明两个全局变量，将**用户登录**窗体运行时输入的用户名和用户权限存入全局变量，以供其他模块调用。

11.2.2　编写应用程序代码

```
'用户登录窗体 frmLogin
Option Explicit
Dim Rs As ADODB.Recordset '定义记录集变量

Private Sub cmdCancel_Click()
    Unload Me
End Sub
```

```
Private Sub cmdOk_Click()
    Static intErr As Integer                              '静态变量累加出错次数
    adoUser.Refresh                                       '刷新记录集(关键语句)
    Set Rs = adoUser.Recordset                            '设置记录集变量
    '检查用户名(利用记录集的 Find 方法，不区分大小写)
    Rs.Find "用户名='" & txtUserID.Text & "'"
    If Not Rs.EOF Then                                    '若用户名正确
        '检查密码
        If Rs("密码") = txtPassword.Text Then             '若密码正确
            gstrUser = txtUserID.Text                     '保存用户名
        If Rs("权限") = "管理员" Then                      '保存用户权限
            gblnPurview = True
        Else
            gblnPurview = False
        End If
        frmMain.Show                                      '显示主窗体
        Unload Me                                         '卸载本窗体
    Else                                                  '若密码错误
        intErr = intErr + 1                               '错误数+1
        If intErr = 3 Then                                '若出错 3 次，则退出系统
            Set Rs = Nothing
            Unload Me
        Else                                              '若出错不足 3 次，重新输入
            MsgBox "密码输入错误，请重新输入！", vbExclamation
            With txtPassword                              '光标定位于密码文本框
                .SelStart = 0
                SelLength = Len(.Text)
                .SetFocus
            End With
        End If
    End If
    Else                                                  '若用户名错误
        intErr = intErr + 1                               '错误数+1
        If intErr = 3 Then                                '若出错 3 次，则退出系统
            Set Rs = Nothing
            Unload Me
        Else                                              '若出错不足 3 次，重新输入
            MsgBox "用户名输入错误，请重新输入！", vbExclamation
            With txtUserID                                '光标定位于用户文本框
                .SelStart = 0
                .SelLength = Len(.Text)
                .SetFocus
            End With
        End If
    End If
```

```
    End Sub

    Private Sub Form_Initialize()
        ChDrive App.Path
        ChDir App.Path
    End Sub

    Private Sub Form_Load()                          '窗体加载
        cmdOk.Default = True                         '"确定"按钮为 Enter 键默认按钮
        Dim sql As String
        sql = "SELECT * FROM 用户"                   'SQL 语句用于创建动态记录集
        adoUser.RecordSource = sql                   '设置记录源为动态记录集
    End Sub
```

任务 11.3   设计"学生成绩管理系统"的主界面

11.3.1   设计主界面

系统主窗体（frmMain）作为学生成绩管理系统的主界面，如图 11-1 所示。

窗体中的菜单结构如下所示：

（1）系统管理主菜单包括添加用户、删除用户、更改权限、修改密码、退出系统 5 个子菜单。

（2）课程管理主菜单包括添加课程和修改课程 2 个子菜单。

（3）成绩管理主菜单包括输入成绩、修改成绩和查询成绩 3 个子菜单。

选择某一选项时，显示对应窗体。

只有用户权限为**管理员**的用户才有权使用**系统管理**菜单中的**添加用户**、**删除用户**和**更改权限** 3 个菜单选项的功能。因此，应该在窗体加载时根据保存在全局变量中的用户权限确定是否显示这 3 个菜单选项。

11.3.2   编写程序代码

```
    '主窗体 frmMain
    Option Explicit

    Private Sub Form_Initialize()                '窗体初始化
        ChDrive App.Path                         '设当前路径
        ChDir App.Path
        Me.WindowState = vbMaximized
        Call MySize                              '调整控件位置
    End Sub

    Private Sub Form_Load()
```

```
          '根据用户权限确定是否显示用户管理各菜单选项
        mnuAddUser.Visible = gblnPurview
        mnuDelUser.Visible = gblnPurview
        mnuModiPurview.Visible = gblnPurview
        Call CreateConnection                    '调用标准模块中的过程建立连接
    End Sub

    Private Sub Form_Resize()                     '窗体改变大小
        If Me.WindowState = vbMinimized Then Exit Sub
        If Me.Width < 6000 Then Me.Width = 6000
        If Me.Height < 5000 Then Me.Height = 5000
        Call MySize                               '调整控件位置
        Me.Refresh
    End Sub

    Private Sub mnuAddCourse_Click()              '添加课程
        frmAddCourse.Show
        Me.Hide
    End Sub

    Private Sub mnuAddUser_Click()                '添加用户
        frmUser.Show
        Me.Hide
    End Sub

    Private Sub mnuDelUser_Click()                '删除用户
        frmDelUser.Caption = "删除用户"
        frmDelUser.Show
        Me.Hide
    End Sub

    Private Sub mnuExit_Click()                   '退出系统
        Unload Me
    End Sub

    Private Sub Form_Unload(Cancel As Integer)    '主窗体卸载
        On Error GoTo Quit
        Dim i As Integer
        Set pubCnn = Nothing
        '在窗体集合中循环并卸载每个窗体
        For i = Forms.Count - 1 To 0 Step -1
            Unload Forms(i)
        Next
        Exit Sub
    Quit:
```

```
        End  '出错时强制退出
    End Sub


    Private Sub mnuInputGrade_Click()        '输入成绩
        frmInGrade.Show
        Me.Hide
    End Sub


    Private Sub mnuModiCourse_Click()        '修改课程信息
        frmModiCourse.Show
        Me.Hide
    End Sub


    Private Sub mnuModiGrade_Click()         '修改成绩
        frmModiGrade.Show
        Me.Hide
    End Sub


    Private Sub mnuModiPurview_Click()       '更改权限
        frmDelUser.Caption = "更改用户权限"
        frmDelUser.Show
        Me.Hide
    End Sub


    Private Sub mnuPassWord_Click()          '修改密码
        frmModiPass.Show
        Me.Hide
    End Sub ·


    Private Sub mnuQueryGrade_Click()        '查询成绩信息
        frmQueryGrade.Show
        Me.Hide
    End Sub


    Private Sub MySize()                     '自定义过程,窗体改变大小时调整控件位置
        Dim FW As Long
        Line1.X1 = 0: Line1.X2 = Me.ScaleWidth
        Line2.X1 = 0: Line2.X2 = Me.ScaleWidth
        FW = Me.ScaleWidth * 0.98
        Shape1.Left = (FW - Shape1.Width) \ 2
        Shape2.Left = (FW - Shape2.Width) \ 2 + 96
        Label1.Left = (FW - Label1.Width) \ 2
        Label2.Left = (FW - Label2.Width) \ 2
    End Sub
```

任务 11.4 设计"课程管理"界面

11.4.1 设计界面

课程管理菜单下有两个菜单选项：添加课程和修改课程。

1. 添加课程

选择**添加课程**选项后显示**添加课程**窗体（frmAddCourse），运行时界面如图 11-4 所示。

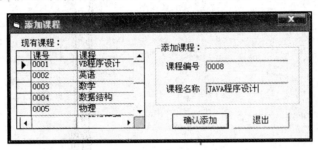

图 11-4 添加课程界面

（1）窗体中的文本框中分别用于输入课程编号和课程名称。

（2）在窗体中添加一个 ADO 数据控件，设 Visible=False，将其与数据库连接，用 SQL 语句将记录源与数据库中的**课程信息**表绑定。添加一个 DataGrid 控件，与 ADO 数据控件绑定，用于显示现有课程，设 AllowUpdate=False。

（3）单击**确认添加**按钮后，查询数据库**课程信息**表中是否有相同的课程编号，如果有，则提示该课程编号已存在，重新输入，光标定位于课程编号文本框；如果无相同的课程编号，将课程编号和课程名称添加到数据库**课程信息**表中，卸载本窗体。

在向数据库中添加记录前，应判断数据是否合法：课程编号应为数字（可以用 IsNumeric 函数判断）；各文本框均不应空白。

（4）单击**退出**按钮，卸载本窗体。

2. 修改课程

选择**修改课程**选项后显示**修改课程**窗体（frmModiCourse），运行时界面如图 11-5 所示。

（1）在窗体中添加一个 ADO 数据控件，将其与数据库连接，用 SQL 语句将记录源与数据库中的**课程信息**表绑定，设 Align=2。

图 11-5 修改课程界面

（2）窗体中的文本框分别用于显示和修改课程编号和课程名称，将它们的 DataSource 均设为 ADO 数据控件，DataField 分别与课程编号和课程名称字段绑定。

（3）在窗体加载时，应将**修改课程**框架中的各文本框和组合框锁定为只读（Locked=TRUE），并将**更新数据**和**取消修改**按钮设置为无效，其他按钮有效。

（4）**修改记录**按钮单击事件中，解除对各文本框和组合框的锁定以便允许修改，并将**修改**

记录按钮设为无效，其他按钮有效。

（5）单击**更新数据**按钮，执行记录集的 Update 方法确认修改（应该注意检查数据的合法性），并将各文本框和组合框设定为只读，各按钮恢复为在窗体加载时的状态。

（6）单击**取消修改**按钮，只写记录集的 CancelUpdate 方法取消修改，并重新将各文本框和组合框锁定为只读，各按钮恢复为窗体加载时的状态。

（7）单击**删除记录**按钮，只写 Delete 方法删除记录，同时删除成绩表中的相应记录。

（8）单击**退出**按钮，卸载本窗体。

11.4.2　编写程序代码

```vb
'添加课程窗体 frmAddCourse
Option Explicit
Dim sql As String


Private Sub cmdCancel_Click()  '退出
    Unload Me
End Sub


Private Sub cmdOk_Click()
    '各文本框若为空白,则提示重新输入
    If Trim$(txtCourseNo.Text) = "" Then
        MsgBox "请输入课程编号！", vbExclamation
        txtCourseNo.SetFocus
        Exit Sub
    End If
    If Trim$(txtCourseName.Text) = "" Then
        MsgBox "请输入课程名称！", vbExclamation
        txtCourseName.SetFocus
        Exit Sub
    End If
    '检查是否有重复课号(利用记录集的 Find 方法)
    Adodc1.Refresh
    Adodc1.Recordset.Find ("课号='" & txtCourseNo.Text & "'")
    If Not Adodc1.Recordset.EOF Then                    '若已有该课号
        MsgBox "课程编号重复，请重新输入！", vbExclamation
        With txtCourseNo                                '光标定位于课号文本框
            .SelStart = 0
            .SelLength = Len(.Text)
            .SetFocus
        End With
        Exit Sub
    End If
    With Adodc1.Recordset
        .AddNew                                         '添加记录
```

```
            '为各字段赋值
            .Fields(0) = Trim$(txtCourseNo.Text)          '课号
            .Fields(1) = Trim$(txtCourseName.Text)        '课程名
            .Update                                        '更新数据库
            Requery                                        '重新查询
        End With
        Set DataGrid1.DataSource = Adodc1                 '更新网格
        txtCourseNo.Text = ""
        txtCourseName.Text = ""
        txtCourseNo.SetFocus
        MsgBox "课程信息已成功添加！", vbInformation
End Sub


Private Sub Form_Load()
        sql = "SELECT * FROM 课程信息 ORDER BY 课号"       'SQL 语句用于创建动态记录集
        Adodc1.RecordSource = sql                          '设置记录源为动态记录集
        With DataGrid1
            Set .DataSource = Adodc1
            .AllowUpdate = False
            .Columns(0).Width = 1000
        End With
End Sub


Private Sub Form_Unload(Cancel As Integer)
        frmMain.Show       '显示主窗体
End Sub


'修改课程窗体 frmModiCourse
Option Explicit


Private Sub adoEdit_MoveComplete(ByVal adReason As ADODB.EventReasonEnum,
ByVal pError As ADODB.Error, adStatus As ADODB.EventStatusEnum, ByVal
pRecordset As ADODB.Recordset)
        '显示当前记录位置/总记录数
        adoEdit.Caption = "Record: " & _
            CStr(adoEdit.Recordset.AbsolutePosition) & _
            "/" & adoEdit.Recordset.RecordCount
End Sub


Private Sub cmdCancel_Click()                             '取消
        With adoEdit.Recordset
            .CancelUpdate                                 '取消更新
            MoveNext
            .MovePrevious
        End With
        Call MyLock(True)
```

193

```
End Sub

Private Sub cmdDelect_Click()                          '删除记录
    Dim Response As Integer
    Response = MsgBox("删除当前记录吗？", vbQuestion + vbYesNo, "询问")
    If Response = vbYes Then
        With adoEdit.Recordset
            .Delete
            .MoveNext
            If .EOF Then .MoveLast
        End With
    End If
End Sub

Private Sub cmdEdit_Click()                             '修改记录
    Call MyLock(False)
End Sub

Private Sub cmdExit_Click()
    Unload Me
End Sub

Private Sub cmdUpdate_Click()                           '更新记录
    On Error Resume Next

    '各文本框若为空白,则提示重新输入
    If Trim$(txtCourseNo.Text) = "" Then
        MsgBox "请输入课程编号！", vbExclamation
        txtCourseNo.SetFocus
        Exit Sub
    End If
    If Trim$(txtCourseName.Text) = "" Then
        MsgBox "请输入课程名称！", vbExclamation
        txtCourseName.SetFocus
        Exit Sub
    End If

    adoEdit.Recordset.Update                            '更新数据库

    If Err = -2147467259 Then                           '该错误号为主键重复错误
        MsgBox "课程编号重复，请重新输入！", vbExclamation
        With txtCourseNo                                '光标定位于课号文本框
            SelStart = 0
            .SelLength = Len(.Text)
            SetFocus
        End With
```

```
        Exit Sub
    End If

    MsgBox "课程信息已成功修改！", vbInformation

    Call MyLock(True) '锁定
End Sub

Private Sub Form_Initialize()
    ChDrive App.Path
    ChDir App.Path
End Sub

Private Sub Form_Load()
    Call MyLock(True)
End Sub

Private Sub Form_Unload(Cancel As Integer) '窗体卸载时
    frmMain.Show
End Sub

Private Sub MyLock(ByVal bLock As Boolean) '自定义过程：锁定/解锁用于输入的控件
    txtCourseNo.Locked = bLock 'True
    txtCourseName.Locked = bLock 'True
    cmdEdit.Enabled = bLock 'True
    cmdCancel.Enabled = Not bLock 'False
    cmdUpdate.Enabled = Not bLock 'False
    adoEdit.Enabled = bLock 'True
End Sub
```

任务 11.5　设计"成绩管理"界面

11.5.1　设计界面

成绩管理菜单下有 3 个子菜单选项：输入成绩、修改成绩和查询成绩。

1．输入成绩

选择**输入成绩**选项后显示**输入成绩窗体**（frmInGrade），运行时界面如图 11-6 所示。

（1）在窗体中添加 4 个 ADO 数据控件，均设 Visible=False，名称分别为 adoNoName、adoInGrade、adoAdd 和 adoOldGriade，将其与数据库连接。设 adoInGrade 的 LockType 属性为 4（批更新模式）。用 SQL 语句将 adoAdd 的记录源与数据库中的**成绩**表绑定。

（2）框架中的组合框用于选择班级和课程，Style 属性均为 2（下拉列表框）。窗体加载时查询学籍表中的班级和课程信息表中的课程填充组合框的列表框选项。

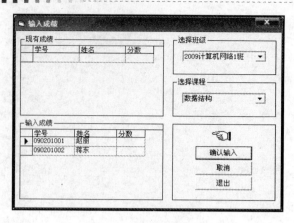

图 11-6　输入成绩界面

（3）添加 2 个 DataGrid 控件，名称分别为 dgdGrade 和 dgdInGrade。程序运行时分别动态地与 adoOldGrade 和 adoInGrade 绑定，用于显示现有成绩和输入成绩。

（4）当用户选择了班级和课程后，用 SQL 语句生成当前班级、课程已有成绩记录集，为 ADO 数据控件 adoOldGriade 和 adoInGrade 属性赋值，并将 DataGrid 控件 dgdGrade 与 ADO 数据控件 adoOldGrade 绑定。根据用户所选择班级构成学号姓名记录集，为 ADO 数据控件 adoNoName 的 RecordSource 属性赋值，同时将 ADO 数据控件 adoInGrade 与临时表绑定，将临时表清空。查询已有成绩记录集和学号姓名记录集，将当前课程尚无成绩的学生的学号及姓名加入临时表，将 DataGrid 控件 dgdInGrade 与 ADO 数据控件 adoInGrade 绑定，为输入成绩做准备。此时用户可以在 DataGrid 控件中连续输入多人的成绩。

（5）单击**确认输入**按钮后，将临时表中的学号、分数及课程组合框中的课程名称追加到与 ADO 数据控件 adoAdd 绑定的成绩表中。

（6）单击**取消**按钮，调用 adoInGrade 记录集的 CancelBatch 方法取消更新。

（7）单击**退出**按钮，卸载本窗体。

2. 修改成绩

选择**修改成绩**选项后显示**修改成绩**窗体（frmModiGrade），运行时界面如图 11-7 所示。

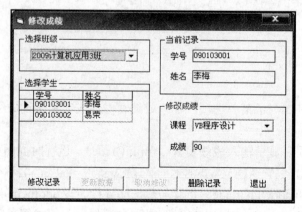

图 11-7　修改成绩界面

（1）在窗体中添加 2 个 ADO 数据控件，分别命名为 adoEdit 和 adoNoName，将其与数据库连接，设 Visible=False，其记录源均采用动态绑定方式，通过查询语句生成临时记录集。

（2）**选择班级**框架中的组合框用于选择班级。**选择学生**框架中的 DataGrid 控件 dgdNoName 用于显示当前班级学生在成绩表中已有的学生学号和姓名。**当前记录**框架中的两个文本框用于提示。**修改成绩**框架中的组合框用于选择课程，文本框用于显示和修改分数。

（3）当用户在班级组合框选择班级后，用 SQL 语句从学籍表和成绩表中筛选出当前班级学生成绩表中已有的学生学号和姓名，显示在 DataGrid 控件 dgdNoName 中。

（4）当用户在 DataGrid 控件 dgdNoName 中选择学生后，将其学号和姓名显示在**当前记录**框架中的文本框中，同时查询成绩表中当前学生已有的成绩课程名称，并填充到课程组合框中。

（5）当用户在课程组合框中选择课程时，将该课程的分数显示在成绩文本框中。

3．查询成绩

查询成绩界面如图 11-8 和图 11-9 所示。

 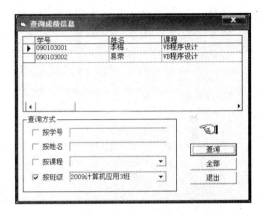

图 11-8　查询成绩界面（一）　　　　　图 11-9　查询成绩界面（二）

（1）在窗体中添加 ADO 数据控件，设 Visible=False，将其与数据库连接，用 SQL 语句将记录源与数据库中的**学籍**表绑定。

（2）在窗体中添加一个 DateGrid 控件，设 AllowUpdate=False。

（3）框架中的 2 个文本框分别用于输入学号和姓名。

（4）框架中的 2 个组合框分别用于选择或输入课程和班级。

（5）在**查询**按钮的单击事件中，根据复选框的选中状态判断查询条件是单一查询还是复合查询，然后根据文本框和组合框中的内容，用 SQL 语句的模糊查询、多条件复合查询功能生成记录集，为 ADO 数据控件的 RecordSource 属性赋值，并且将 DataGrid 控件与 ADO 数据控件绑定。

（6）在**全部**按钮的单击事件中，用 SQL 语句将学籍表中的全部记录构成记录集，为 ADO 数据控件的 RecordSource 属性赋值，并且将 DataGrid 控件与 ADO 数据控件绑定。

（7）单击**退出**按钮，卸载本窗体。

11.5.2　编写程序代码

```
'输入成绩窗体 frmInGrade
Option Explicit
```

```vb
Private Sub cboClass_Click()                    '班级组合框
    If Trim$(cboCource.Text) = "" Then Exit Sub
    Call GetOldGrade                            '获取已有成绩
    Call MakeTempTable                          '生成临时表
    cmdOk.Enabled = True
End Sub

Private Sub cboCource_Click()                   '课程组合框
    If Trim$(cboClass.Text) = "" Then Exit Sub
    Call GetOldGrade                            '获取已有成绩
    Call MakeTempTable                          '生成临时表
    cmdOk.Enabled = True
End Sub

Private Sub cmdCancel_Click()                   '取消
    If adoInGrade.Recordset Is Nothing Then Exit Sub
    adoInGrade.Recordset.CancelBatch
End Sub

Private Sub cmdExit_Click()                     '退出
    Unload Me
End Sub

Private Sub cmdOk_Click()                        '确认输入
    Dim Rp As Integer
    Rp = MsgBox(""确认输入"后将无法取消，是否继续？", vbQuestion + vbYesNo, "提示")
    If Rp = vbNo Then Exit Sub

    cmdOk.Enabled = False

    '将临时表中的数据追加到成绩表中
    With adoInGrade.Recordset
        If .RecordCount = 0 Then Exit Sub
        .MoveFirst
        Do Until .EOF
            '注意对数据库中 NULL 值进行判断，VB 表达式与 SQL 表达式不同
            If Not IsNull(.Fields("分数")) Then
                adoAdd.Recordset.AddNew
                adoAdd.Recordset("学号") = .Fields("学号").Value
                adoAdd.Recordset("课程") = cboCource.Text
                adoAdd.Recordset("分数") = .Fields("分数").Value
                adoAdd.Recordset.Update
            End If
            MoveNext
        Loop
```

```
        End With

        '延时,以便完成数据库后台更新
        Dim sngWait As Single
        sngWait = Timer
        Do Until Timer - sngWait > 1#
                fraWait.Visible = True
                DoEvents
        Loop
        fraWait.Visible = False

        MsgBox "添加成绩成功。", vbInformation
        Call cboCource_Click '刷新控件
End Sub

Private Sub Form_Load() '窗体加载
    '填充课程组合框列表,该记录集仅在窗体加载时使用一次
    '因此借用添加成绩的 ADO 数据控件
    adoAdd.RecordSource = "SELECT * FROM 课程信息"
    adoAdd.Refresh
    With adoAdd.Recordset
        Do Until .EOF
            cboCource.AddItem .Fields("课程").Value .MoveNext
        Loop
    End With

    Call AddClassItem(cboClass) '填充班级组合框
    cmdOk.Enabled = False

    '打开成绩表
    adoAdd.RecordSource = "SELECT * FROM 成绩"
    adoAdd.Refresh
    '设输入成绩(临时表)记录集为批更新模式
    adoInGrade.LockType = adLockBatchOptimistic
End Sub

Private Sub Form_Unload(Cancel As Integer) '窗体卸载时
    frmMain.Show
End Sub

Private Sub GetOldGrade() '自定义过程:获取已有成绩并显示
    Dim sql As String
    '生成当前班级、课程已有成绩记录集
    sql = "SELECT 成绩.学号 AS 学号,学籍.姓名,分数 " _
        & " FROM 成绩,学籍 WHERE 成绩.学号=学籍.学号" _
        & " AND 成绩.课程='" & cboCource.Text & "'" _
```

```
                  & " AND 学籍.班级='" & cboClass.Text & "'"
        adoOldGrade.RecordSource = sql
        adoOldGrade.Refresh
        '设置 DataGrid 控件
        With dgdGrade
            Set .DataSource = adoOldGrade
            .Columns(0).Width = 1200
            .Columns(1).Width = 1200
            .AllowUpdate = False
        End With
End Sub

Private Sub MakeTempTable()  '自定义过程:生成临时表并显示
        Dim sql As String

        adoInGrade.RecordSource = "SELECT * FROM 临时"
        adoInGrade.Refresh

        '删除临时表中的记录
        With adoInGrade.Recordset
            '用记录集的 Delete 方法(客户端游标只能删除当前记录)
            Do While .RecordCount > 0
                MoveFirst
                .Delete
            Loop
            UpdateBatch
        End With

        '根据所选班级构成学号、姓名记录集
        sql = "SELECT 学号, 姓名 FROM 学籍 " _
            & " WHERE 班级='" & cboClass.Text & "'"
        adoNoName.RecordSource = sql
        adoNoName.Refresh

        '将当前课程尚无成绩的学生的学号及姓名加入临时表,为输入成绩做准备
        With adoNoName.Recordset
            Do Until .EOF
                If adoOldGrade.Recordset.RecordCount > 0 Then '关键语句
                    adoOldGrade.Recordset.MoveFirst
                End If
                adoOldGrade.Recordset.Find "学号='" & .Fields("学号").Value & "'"
                If adoOldGrade.Recordset.EOF Then
                adoInGrade.Recordset.AddNew
                adoInGrade.Recordset("学号") = .Fields("学号").Value
                adoInGrade.Recordset("姓名") = .Fields("姓名").Value
            End If
```

```
            MoveNext
        Loop
        adoInGrade.Recordset.UpdateBatch
    End With

    '设置 DataGrid 控件
    With dgdInGrade
        Set .DataSource = adoInGrade
        .AllowUpdate = True
        .Columns(0).Locked = True  '锁定学号、姓名
        Columns(1).Locked = True
        Columns(0).Width = 1100
        Columns(1).Width = 1100
        If adoInGrade.Recordset.RecordCount > 0 Then
            .Col = 2
            .Row = 0
            SetFocus
        End If
      End With
End Sub

    '修改成绩窗体 frmModiGrade
Option Explicit
Dim strGrade As String

    '在"选择学生"数据网格中选择学生时,显示当前记录内容
Private Sub adoNoName_MoveComplete(ByVal adReason As ADODB.EventReasonEnum,
ByVal pError As ADODB.Error, adStatus As ADODB.EventStatusEnum, ByVal
pRecordset As ADODB.Recordset)
        If adoNoName.Recordset.BOF Or adoNoName.Recordset.EOF Then
            txtNo.Text = ""
            txtName.Text = ""
            txtGrade.Text = ""
            Exit Sub
        End If

        '显示当前学号、姓名
        txtNo.Text = adoNoName.Recordset("学号").Value
        txtName.Text = adoNoName.Recordset("姓名").Value

        '查询成绩表中当前学生的各科成绩
        Dim sql As String
        sql = "SELECT * FROM 成绩 WHERE 学号='" & txtNo.Text & "'"
        adoEdit.RecordSource = sql
        adoEdit.Refresh
        '填充课程组合框
```

```
        cboCourse.Clear
        With adoEdit.Recordset
            Do Until .EOF
                cboCourse.AddItem .Fields("课程").Value
                MoveNext
            Loop
        End With
        If cboCourse.ListCount > 0 Then
            cboCourse.ListIndex = 0
        Else
            txtGrade.Text = ""
        End If
End Sub


Private Sub cboClass_Click()  '单击班级组合框
    Dim sqlN As String

    'DISTINCT 关键字过滤重复记录
    sqlN = "SELECT DISTINCT 成绩.学号 AS 学号,姓名 " _
        & " FROM 成绩,学籍 " _
        & " WHERE 学籍.学号=成绩.学号 AND 班级 ='" _
        & cboClass.Text & "' ORDER BY 成绩.学号"

    '打开记录集
    adoNoName.RecordSource = sqlN
    adoNoName.Refresh

    '设置数据网格控件
    With dgdNoName
        Set .DataSource = adoNoName
        .Columns(0).Width = 1100
        .Columns(1).Width = 1100
    End With
End Sub


Private Sub cboCourse_Click()  '单击课程组合框
    If Trim$(txtNo.Text) = "" Or Trim$(cboCourse.Text) = "" Then
        txtGrade.Text = ""
        Exit Sub
    Else
        With adoEdit.Recordset '显示分数
            If .RecordCount > 0 Then .MoveFirst
            Find "课程='" & cboCourse.Text & "'"
            If .EOF Then Exit Sub
            txtGrade.Text = .Fields("分数").Value
        End With
```

```
        End If
    End Sub

    Private Sub cmdCancel_Click() '取消
        txtGrade.Text = strGrade
        Call MyLock(True)
    End Sub

    Private Sub cmdDelete_Click() '删除
        If Trim$(txtNo.Text) = "" Or Trim$(cboCourse.Text) = "" Then Exit Sub
        Dim Response As Integer

        Response = MsgBox("删除当前记录吗？", vbQuestion + vbYesNo, "询问")
        If Response = vbYes Then
            With adoEdit.Recordset
                .Delete
                Update

                '延时，以便完成数据库后台更新
                Dim sngWait As Single
                sngWait = Timer
                Do Until Timer - sngWait > 1#
                    fraWait.Visible = True
                    DoEvents
                Loop
                fraWait.Visible = False

                If .RecordCount = 0 Then
                    MsgBox "成绩表中已无该学生的成绩。", vbInformation, "提示"
                Else
                    MsgBox "成绩删除成功。", vbInformation, "提示"
                End If
                adoNoName.Refresh
                dgdNoName.Columns(0).Width = 1100
                dgdNoName.Columns(1).Width = 1100
            End With
        End If
        Call MyLock(True)
    End Sub

    Private Sub cmdEdit_Click() '修改
        If Trim$(txtNo.Text) = "" Or Trim$(cboCourse.Text) = "" Then Exit Sub
        strGrade = txtGrade.Text        '暂存当前成绩
        Call MyLock(False)              '成绩框解锁
        Call FocusBack(txtGrade)        '焦点返回
    End Sub
```

```vb
Private Sub cmdExit_Click() '退出
    Unload Me
End Sub

Private Sub cmdUpdate_Click()    '更新
    '成绩框若为空白,提示重新输入
    If Trim$(txtGrade.Text) = "" Then
        MsgBox "请输入成绩! 若无成绩，请将该记录删除。", vbExclamation, "提示"
        Call cmdCancel_Click
        txtGrade.SetFocus
        Exit Sub
    End If

    '更新
    With adoEdit.Recordset
        .Fields("分数").Value = Val(txtGrade.Text)
        .Update
    End With
    MsgBox "成绩修改成功。", vbInformation

    Call MyLock(True) '锁定
End Sub

Private Sub Form_Load()                          '窗体加载
    Call MyLock(True)                            '锁定相关控件
    Call AddClassItem(cboClass)                  '填充班级组合框
    fraWait.Top = 1200
    fraWait.Left = 1600
    dgdNoName.AllowUpdate = False
End Sub

Private Sub Form_Unload(Cancel As Integer)       '窗体卸载时
    frmMain.Show
End Sub

'自定义过程:锁定/解锁相关控件
Private Sub MyLock(ByVal bLock As Boolean)
    txtGrade.Locked = bLock                      'True=分数锁定
    cboClass.Locked = Not bLock                  'False=班级解锁
    cboCourse.Locked = Not bLock                 'False=课程解锁

    cmdEdit.Enabled = bLock                      'True=修改按钮有效
    cmdCancel.Enabled = Not bLock                'False=取消按钮无效
    cmdUpdate.Enabled = Not bLock                'False=更新按钮无效
    dgdNoName.Enabled = bLock                    'True
End Sub
```

```vb
Private Sub txtGrade_KeyPress(KeyAscii As Integer) '成绩框按键
    '按键非数字或回删键,取消
    If Not IsNumeric(Chr(KeyAscii)) And KeyAscii <> 8 Then
        KeyAscii = 0
    End If
End Sub


'查询成绩窗体 frmQueryGrade
Option Explicit
Dim sql As String      '存 SQL 语句

Private Sub chkQuery_Click(Index As Integer)  '选中复选框时,焦点移至输入控件
    If chkQuery(Index).Value = vbUnchecked Then Exit Sub
    Select Case Index
        Case 0
            txtNo.SetFocus
        Case 1
            txtName.SetFocus
        Case 2
            cboCourse.SetFocus
        Case 3
            cboClass.SetFocus
    End Select
End Sub

Private Sub cmdAll_Click()
    'SQL 查询语句
    sql = "SELECT 成绩.学号 AS 学号,姓名,课程,分数,班级 " & _
         " FROM 成绩,学籍 WHERE 成绩.学号=学籍.学号 ORDER BY 成绩.学号"
    Adodc1.RecordSource = sql           '生成记录集,刷新
    Adodc1.Refresh
    Set DataGrid1.DataSource = Adodc1
End Sub

Private Sub cmdExit_Click()              '退出
    Unload Me
End Sub

Private Sub cmdQuery_Click()              '查询
    Dim sql1 As String
    Dim i As Integer
    Dim sqlA(3) As String

    '字符串数组存放各种查询条件,下标与复选框控件数组索引对应
    ' SQL 语句中使用 Like 运算符、% 通配符可实现模糊查询
    sqlA(0) = " 成绩.学号 Like '%" & Trim$(txtNo.Text) & "%'"
```

```
            sqlA(1) = " 姓名 Like '%" & Trim$(txtName.Text) & "%'"
            sqlA(2) = " 课程 = '" & Trim$(cboCourse.Text) & "'"
            sqlA(3) = " 班级 Like '%" & Trim$(cboClass.Text) & "%'"

            sql1 = ""    '用于存放 SQL 语句中 WHERE 子句的条件
          '循环遍历各查询条件复选框
          For i = 0 To chkQuery.Count - 1
                If chkQuery(i).Value = vbChecked Then     '若某复选框被选中
                    If sql1 = "" Then                     '若只有一个复选框被选中
                        sql1 = sqlA(i)                    '利用字符串数组加入一个条件
                    Else                                  '若有多个复选框被选中
                        sql1 = sql1 & " AND " & sqlA(i)   '用 AND 运算符加入多个条件
                    End If
                End If
          Next

  '退出循环后,若条件字符串为空,则说明未选中任何复选框
  '执行"全部"按钮单击事件过程的语句,显示全部记录
  If sql1 = "" Then
          Call cmdAll_Click
          Exit Sub
  End If

        'SELECT 语句 + WHERE 子句的条件字符串形成完整的 SQL 语句
        sql = "SELECT 成绩.学号 AS 学号,姓名,课程,分数,班级 " & _
            " FROM 成绩,学籍 WHERE  成绩.学号=学籍.学号 AND " _
            & sql1 & " ORDER BY 成绩.学号"

        Adodc1.RecordSource = sql '刷新 Adodc1
        Adodc1.Refresh

        If Adodc1.Recordset.BOF Then      '若记录集为空
            MsgBox "对不起, 没有您所要查找的记录。", vbInformation
            Exit Sub
        End If

        Set DataGrid1.DataSource = Adodc1 '重新绑定数据网格控件

  End Sub

  Private Sub Form_Load() '窗体加载
      '填充课程组合框,分组子句(GROUP BY)筛选重复课程
      sql = "SELECT 课程 FROM 成绩 GROUP BY 课程 " _
          & " HAVING 课程<>NULL AND 课程<>''"
      Adodc1.RecordSource = sql
      Adodc1.Refresh
```

```
    With Adodc1.Recordset
        Do Until .EOF
            cboCourse.AddItem .Fields("课程").Value.MoveNext
        Loop
    End With

    '填充班级组合框
    Call AddClassItem(cboClass)          '调用标准模块公有过程
    DataGrid1.AllowUpdate = False        '禁止修改网格控件中的内容
End Sub

Private Sub Form_Unload(Cancel As Integer)
    frmMain.Show
End Sub
```

项目拓展

本项目中的用户管理模块界面设计以及代码编写请读者作为项目拓展自行完成。

课后练习与指导

一、选择题

1. 下列程序运行后输出的结果为（　　）。

```
B=1
Do while (b<40)
b=b*(b+1)
Loop
Print b
```

　A. 42　　　　　　B. 39　　　　　C. 6　　　　　　　D. 1

2. 设运行以下程序段时依次输入 1、3、5，则运行结果为（　　）。

```
Dim a(4) As Integer
Dim b(4) As Integer
For K =0 To 2
a(K+1) =Val(InputBox("请输入数据："))
b(3-K) =a(K+1)
Next K
Print b(K)
```

　A. 1　　　　　　B. 3　　　　　C. 5　　　　　　　D. 0

3. 下列程序运行后，变量 s 的值为（　　）。

```
Dim s As  long ,x As Integer
s=0:x=1
```

```
Do While (x<10)
s=s+x
x=x+2
Loop
Print s
```

    A. 10   B. 25   C. 50   D. 100

4. 编写如下事件过程：

```
Private Sub Form_MouseDown(Button As Integer,Shift As Integer,X As Single,Y
    As Single)
If Shift=6 And Button=2 Then
Print "Hello"
End If
End Sub
```

程序运行后，为了在窗体中输出"Hello"，应在窗体中执行以下（   ）操作。

    A. 同时按 Shift 键和鼠标左键

    B. 同时按 Shift 键和鼠标右键

    C. 同时按 Ctrl+Alt 组合键和鼠标左键

    D. 同时按 Ctrl+Alt 组合键和鼠标右键

5. 当变量 x=2，y=5 时，以下程序的输出结果为（   ）。

```
Do until y>5
x=x*y
y=y+1
loop
print x
```

    A. 2   B. 5   C. 10   D. 20

6. 当执行以下程序时，在名为 lblResult 的标签框内将显示（   ）。

```
Private Sub cmdlt_click()
    Dim I,R
    R=0
    For I=1 To 5 Step 1
    R=R+I
    Next I
    lblResult. Caption=Str(R)
End Sub
```

    A. 字符串 15   B. 整数 15   C. 字符串 5   D. 整数 5

7. 如下有一段不完整的程序段，如果要求该程序执行 3 次循环，则应在程序中的下划线上输入（   ）。

```
X=1
do
x=x+3
```

```
print x
loop until_____
```

    A．x>=8　　　　　B．x<=8　　　　　C．x>=7　　　　　D．x<=7

8．若整型变量 a 的值为 2、b 的值为 3，则下列程序段执行后整型变量 c 的值为（　　）。

```
If a>5 then
    if b<4 then
    c=a-b
    else
    c=b-a
    End if
    elseif b>3 then c=a*b
    else
    c=a mod b
End if
```

    A．2　　　　　　　B．−1　　　　　　　C．1　　　　　　　D．6

9．设有如下语句：

```
str1=inputbox("输入","","练习")
```

从键盘上输入字符串"示例"后，str1 的值是（　　）。

    A．"输入"　　　　B．""　　　　　　C．"练习"　　　　D．"示例"

10．在一个窗体中建立两个文本框，名称分别为 Text1 和 Text2，事件过程如下：

```
Private Sub Text1_change( )
Text2.text=ucase(Text1.text)
End Sub
```

则在 Text1 文本框中输入"visual basic"后，Text2 将（　　）。

    A．Text2 中无内容显示　　　　　　B．Text2 显示"VISUAL BASIC"

    C．Text2 显示"visual basic"　　　　D．Text1 显示"visual basic"

二、填空题

1．下面程序段执行后的结果是_____。

```
X=10
For I=6.3 to 4.9 Step-0.3
x=x-1
Next
Print x
```

2．表达式 5\2*3 的值是_____。

3．表达式 Mid("SHANGHAI",6,3)的值是_____。

4．表达式 Int(Rnd(0)+1)+Int(Rnd(1)−1)的值是_____。

5．VB 程序设计中 3 种基本结构分是_____结构、选择结构和_____结构。

6．_____是构成文件的最基本的单位。

7．顺序文件与随机文件相比较，占用内存资源较小的文件是_____文件。

8．随机文件以_____为单位读写，二进制文件以_____为单位读写。

9．随机函数 Rnd(X)，当 X=_____时返回最近一次调用 Rnd 函数生成的随机数。

10．语句 x=inputbox("请输入数据")，输入 12345，则 x 的值为_____类型的数据（提示：如整型，Int；字符型，String）。

三、实践题

1．在名称为 Form1 的窗体中添加一个名称为 Label1、标题为"添加项目："的标签；添加一个名称为 Text1 的文本框，初始内容为空；添加一个名称为 Combo1 的下拉组合框，并通过属性窗口输入若干项目(不少于 3 个，内容任意)；再添加两个命令按钮，名称分别为 Command1、Command2，其标题分别为"添加"、"统计"。程序运行时，向 Text1 中输入字符，单击"添加"按钮后，将 Text1 中的内容作为一个列表项添加到组合框的列表中；单击"统计"按钮，则在窗体空白处显示组合框中列表项的个数，如图 11-10 所示。请编写两个命令按钮的 Click 事件过程。

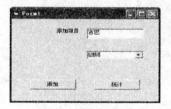

图 11-10　窗体

注意：程序中不得使用变量，也不能使用循环结构。

2．该程序用来对在上面的文本框中输入的英文字母串（称为"明文"）进行加密，加密结果（称为"密文"）显示在下面的文本框中。加密的方法：点选一个单选按钮，单击"加密"按钮后，根据点选的单选按钮后面的数字 n，将"明文"中的每个字母改为它后面的第 n 个字母（"z"后面的字母认为是"a"，"Z"后面的字母认为是"A"），如图 11-11 所示。窗体中已经给出了所有控件和程序，但程序不完整，请去掉程序中的注释符，把程序中的? 改为正确的内容。

注意：不得修改程序中的其他部分和控件的属性。

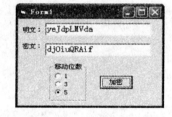

图 11-11　加密窗体

```
Private Sub Command1_Click()
    Dim n As Integer, k As Integer, m As Integer
    Dim c As String, a As String
    For k = 0 To 2
    If Op1(k). Value Then
    'n = Val(Op1(k). ? )
    End If
    Next k
    m = Len(Text1.Text)
    a = ""
    'For k = 1 To ?
    'c = Mid$(Text1.Text, ? , 1)
    c = String(1, Asc(c) + n)
    If c > "z" Or c > "Z" And c < "a" Then
     c = String(1, Asc(c) - 26)
    End If
    '? = a + c
    Next k
  Text2.Text = a
End Sub
```

参 考 答 案

第一章

一、选择题

CDDDC；BAADD；D

二、填空题

对象；略；对象名；包含下级菜单、不可用；代码编辑器；略

三、实践题

答案略。

第二章

一、选择题

ACBAB；CABCB；CBACB；B

二、判断题

对错错对对；错对对错错

三、简答题

答案略。

四、实践题

答案略。

第三章

一、选择题

BDACD；ACB

二、实践题

答案略。

第四章

一、选择题

BDDDD

二、判断题

对对错对错；对错错对对

三、简答题

答案略。

四、实践题

答案略。

第五章

一、选择题

ABCDC；BCB

二、填空题

文本框、列表框；ListBox；Selected；Text；1

三、实践题

答案略。

第六章

一、选择题

ABAAA；DABBA；ABCCB；BBAAD；DCCDB；A

二、填空题

Stretc；LoadPicture；Timer；Enable；True；选中；F4；1；0；False；s=42；1.5；9；−56；321456；300；窗体、控件

三、实践题

答案略。

第七章

一、选择题

CDDAB；BDDAA；CBCCC；BCDCD；D

二、填空题

-；&；Enable；Click；MouseUp；名称；下拉式；Picture；Change、Scroll；50；8；Y=X；True；16；AAABBB；4；12；10000

第八章

一、选择题

CCCDD；CCADD；D

二、判断题

对对错错对；错错对错错；错对对对对

第九章

一、选择题

CCCDC；CCCCA；ADCAA；B

二、判断题

错错错错错；对错错对对；对错错错错

第十章

一、选择题

CAACA；AACCD

二、填空题

Or；3；-；二进制文件；2；5,459.40；List；4；Text；Put

第十一章

一、选择题

AABDC；AAADB

二、填空题

5；0；HAI；0；顺序、循环；字符；随机；记录、字节；0；String

反侵权盗版声明

电子工业出版社依法对本作品享有专有出版权。任何未经权利人书面许可，复制、销售或通过信息网络传播本作品的行为；歪曲、篡改、剽窃本作品的行为，均违反《中华人民共和国著作权法》，其行为人应承担相应的民事责任和行政责任，构成犯罪的，将被依法追究刑事责任。

为了维护市场秩序，保护权利人的合法权益，我社将依法查处和打击侵权盗版的单位和个人。欢迎社会各界人士积极举报侵权盗版行为，本社将奖励举报有功人员，并保证举报人的信息不被泄露。

举报电话：（010）88254396；（010）88258888

传　　真：（010）88254397

E - m a i l：dbqq@phei.com.cn

通信地址：北京市万寿路 173 信箱

　　　　　电子工业出版社总编办公室

邮　　编：100036